兵頭二十八

日本の武器で滅びる中華人民共和国

講談社＋α《プラスアルファ》新書

「まえがき」の前に――なぜ「中国」と呼んではいけないのか

本書では中華人民共和国の略称として「中共」を用いています。もとは「中国共産党」の略です。が、中華人民共和国においては、独裁政党である中国共産党が、民主的な選挙もしないで政府を支配し続け、同時に国家や軍隊までも所有している、という、いちじるしく特異な実態があります。

この尋常ならざる「国体」「政体」の性格をひとまとめに読者に伝える短縮称号として「中共」は適宜《てきぎ》であると考えています。

「人民解放軍」もまた「中共軍」と呼ぶことができます。そう呼ぶことで、実はそれが「国家の軍隊」ではない「私兵」であるという事実が、読者のみなさんに正確に伝わるでしょう。

また本書では、中華人民共和国政府が統治している地域を地理的な概念として説明したいときには「シナ」を用います。

「自誇称」であるところの「中国」や「中華」を、シナに住むシナ人が用いるのはご自由なのです。けれども、日本人がシナに対して用いたら、それは近代外交儀礼上、誤りです。

近代世界では、国家と国家のあいだに序列等級はありません。モナコ公国もアメリカ合衆国も法的には対等とされるのです。

しかし儒教圏では、序列等級をあらわす呼称が好んで用いられます。彼らは「対等の二者」というものを認めない世界観を持っています。これは反近代的な世界観だと評することが可能です。彼らはそうした反近代的な志向を、漢字表記の名辞《めいじ》にも投影しようとします。

自誇称である「中国」や「中華」を、隣国である日本国政府の側からシナに対して献呈させることができれば、それだけで、彼らは「序列の戦い」に勝利したことになる、と考えています。ここにすら気付けないようでは、儒教圏国との闘争は最初から日本の「敗戦」でしょう。

幕末から明治にかけてのわが国の指導者層には、こうした儒教圏人の用語の意味についての深い教養がありましたから、決して他国を「中国」とか「中華」と呼び奉《たてまつ》ることはしませんでした。代わりに用いられることがありましたのが、価値中立の名辞である「支《し》那《な》」です。

大昔のインド人が「秦《しん》」を指して「シーナ」と呼んでいたその音声にシナ人が自分で字を当てたのが「支那」。すなわち英語で「China」と表記することに相当しています。尊称でも蔑称でもない。シナがもしも蔑称ならば「China」もまた蔑称ということになるだけです。

ところが大正以降、わが国の外務官僚たちの教養がみるみる低下し、中華民国（国民党独裁政府）からの謀略的な呼称変更工作にまんまと乗せられてしまった結果として、今日のように、外務省から率先して隣国を「中国」と尊称し、儒教圏人の仕掛ける席次確認の戦いに進んで敗北し続けているありさまなのです。

中共による直接侵略だけでなく、その間接侵略や人格侵略の恐ろしさを警告しようとする本書では、近代自由主義革命であった明治維新の精神に立ち戻り、他国を「中国」とか「中華」と呼ぶことはせず、最もシンプルかつ非政治的になるように「シナ」と表記することに心がけようと思います。

明治時代は何でも漢字の表記が公式的と考えられていたのでしたが、戦後は、固有名詞をカタカナで表し区別しやすくする表記法に、何の不都合もありません。たとえば植物の「鶏頭」「金盞花」をフラワーショップで「ケイトウ」「キンセンカ」と表示するように、「支那」よりも「シナ」が便利です。ただし漢字一文字で示そうとした場合には、上述の正しい由来がある「支」を用いないと、意味は通じなくなるでしょう。

繰り返しますが、英米語圏で「China」、スペイン語圏でも同じく表記して「チナ」と発音するのと、日本人が「シナ」と呼ぶのはまったく等価です。

ところが序列意識に凝り固まっているため隣人に対しては恥も外聞もなく嫉妬《しっと》心をむき出しにできる儒教圏人は、日本人が「支那」と呼ぶことだけは気に食わない、と大正時代から不合理なイチャモンを付け始めました。これに無学な日本の外交官たちが迎合《げいごう》し、後でその不適切さに気付いても、官僚の本能から、彼らは決して自分たちのしくじりを認めることができません。

ヤクザがカタギにささいな因縁から付け入ってくるのと同じ手口に、わが外務省は陥れられました。ヤクザは、まずどうでもいいような筋の通らぬ要求に一回人をして屈せしめようとします。相手がめんどうくさく思い、あるいは哀れに思って、その要求を受け入れたが最後……二回目、三回目と、逐次《ちくじ》にエスカレートする無理筋の要求が、果てもなく、あとからあとから出てくるでしょう。

そのようにして、長期的に他者を「劣位席次者」にはめ込んでいこうとするのも儒教圏政府の常套《じょうとう》策略です。

「シナ／China」の正しい名辞によって、石器時代から未来までも、同じ地域を指し示すことができます。内外の誰が聞いても誤解がありません。しかし「中国」は、聞く人によっては、同じ地域を意味しません。

日本で「中国」といえば、それは、鳥取県、島根県、岡山県、広島県、山口県の五県を指します。軍学者の山鹿素行《やまがそこう》（一六二二〜八五年）は、日本こそが「中朝」すなわち中国であると注意喚起をしました。それで素行以後の江戸時代の学者たちは、荻生徂徠《おぎゅうそらい》のようなシナ文芸崇拝者でも、シナのことは「唐土《もろこし》」等と呼ぶように気を付けていたものです。

大正以降の日本の外交官たちの教養は、三〇〇年以上前の江戸時代のインテリたちよりも劣化してしまったことに注意が必要です。そしてもちろん、「中華民国」や「中華人民共和国」は、長い東洋史のなか、うたかたに存在する一政体を表すに過ぎず、科学的議論の土台になる共通の地理的概念を読み手に伝達してくれはしないのです。

まえがき――アジア諸国に廉価な良い武器を

国家の指導者層にも、また庶民にも、「戦争のセンス」がない日本人ばかり多いのには、本当に困ったものです。

「トリップワイヤー」(鳴子《なるこ》の紐)という言葉があります。

たとえば、隣国が領土的野心をたくましくしているので守備が必要だ、と思われる、国境に近い離島・僻地《へきち》等に、平時から、ごく少人数の監視隊を、短期ローテーションで次々と代わりばんこに駐在させておくのです。

人数が少ないということは、もしもそこに敵対的隣国が大軍をもって急に攻めかかってくれば、理論上、その監視隊は全滅するかもしれません。

しかし実際には、彼らが「鳴子の紐」(トリップワイヤー)となり、「隣国が日本に対して侵略戦争を開始した!」という証拠を世界中に鳴り響かせてくれるのは確実であろうと考えられますので、そんな成り行きを想像できる狡猾《こうかつ》な敵性隣国政府は、最初からわが離島に対する「直接侵略」をためらい、不本意ながら自重《じちょう》することになるのです。

この「呼吸」が、明治末以降、他者とのノー・ルールの喧嘩《けんか》に慣れていない「試験場巧者」ばかりになってしまった日本人には、どうも把握《はあく》ができないように見えます。

現代（第一次世界大戦が終わった一九一八年以降）の国際法体系では、「侵略者に対して自衛する戦争」だけが、合法的な戦争なのです。

自国が置いたトリップワイヤー部隊が、緒戦で全滅、もしくは大損害を被《こうむ》ったときに、わが国は「侵略者は隣国だ」という国際法上の大義名分を得て、自動的に、隣国と堂々と戦闘（自衛戦争）してもよくなるのです。

そのような開戦流儀であった場合に限り、わが国の「同盟国」である米国の大統領も、その軍隊に命令を下して自衛隊に加勢させるのに、面倒な説明（米国民・議会向けと対外向けの）は必要がなくなります。

しかしもしこれが、日本人が一人も所在しない無人島にシナ人の武装集団が上陸して中共による領有を宣言したというケースであったら、日米安全保障条約の神髄である「集団的自衛権」が発動されるかどうかは、わかりません。米国大統領としては、そのときの思惑次第で、それを傍観していてもかまわないのです。嘘だと思うのなら、日米安保条約の条文を読んでみることをお勧めします。

本書は、こうした初歩的な注意から説き起こして、わが尖閣《せんかく》諸島をはじめとする日本列島を防衛するための、究極の解決策までご説明します。

シナ人を含む誰にとっても最良の解決策は、中共体制を「民主主義革命」によって転覆《てんぷく》させてしまうことです。

米軍が、見どころのあるエリート将校を将来の高級参謀に育成するための学校では、「一〇ドルの課題は一〇セントで解決できないか、まず智恵を絞れ。できればその際、敵には一〇〇ドルの負担をさせてやれ」と教えているそうです。そうした着眼ならば、さぞや「戦争のセンス」も光るだろうと思います。

日本国が、自衛隊の最新の戦闘機や艦艇をいくら増やそうとしたところで、中共の領土的な野望が消えてなくなることはありません。核武装国の中共が日本に降伏することもあり得ません。結局、一〇ドルの課題に一〇〇ドルを投じて、課題はそのままに残された——なんて結末になるのが関の山でしょう。

しかし、マレーシア、ベトナム、フィリピン等、地政学的に中共の味方とはなり得ない国々に対して、わが国から「機雷敷設《ふせつ》専用の超小型潜航艇」等を武器援助するならば、日本の有権者は、驚くほど廉価《れんか》な負担で、東アジアから侵略的な専制政体を除去し、世界の平和に貢献することができます。

機雷は地雷と違って、艦船の乗員に脱出するチャンスを与えます。シナ軍人の戦死者も結果的に最少で済み、体制崩壊後のシナ人民は、彼らが一九八九年の天安門事件いらい希求していた民主政治を手に入れることができるでしょう。

これが、「日本の武器で中華人民共和国が滅《ほろ》びる」という意味です。

なお本書では、特に注記のない場合は、一ドルを一〇五円で計算しています。

本文写真提供――共同通信イメージズ、アメリカ合衆国政府、講談社資料センター

目次◉日本の武器で滅びる中華人民共和国

第四章　ローテク武器が中共を制す

第五章　台湾は日本の味方なのか

第六章　オスプレイを凌ぐ日本製武器の数々

第一章　尖閣防衛に見る「戦争のセンス」

トリップワイヤーとは何か

「トリップワイヤー」とは、もともと「鳴子《なるこ》」や「罠地雷《わなじらい》」に結び付けられている細い紐(仕掛け線)を意味した言葉です。

鳴子ですと、深夜に泥棒や獣が、畑の境界に張られたトリップワイヤーに首や足をひっかければ、それにつながっている鈴などが一斉に高らかに鳴動《めいどう》します。遠くで寝ている畑の管理者の耳にまで、その騒音は達します。周囲の住民も、いままさに侵入者が行動中らしい気配を、その物音から同時に知ることができる。そういう派手な警報を起動させてくれる、きっかけとなる仕掛けが、トリップワイヤー。

そこから意味が転化しまして、侵略常習国に近未来の侵略行為を思いとどまらせるための「最外縁《がいえん》配置分哨《ぶんしょう》」――危険な国境線のすぐ内側に舎営《しゃえい》させ、平時に付近一帯を巡回警備させておく、少人数の部隊――などをも「トリップワイヤー」と表現するようになっています。

たとえば、「乙国」の軍隊が近くの「甲国」の領土に侵攻するために、甲国軍の最外縁配置分哨を殺傷することによって排除または無力化しようと攻め寄せれば、その分哨の小部隊は、ほぼ自動的に自衛戦闘を始めます。なぜなら軍隊の末端単位にも「自衛権」があるからです。

すぐに世界に「乙国がさきほど甲国に対して侵略戦争を起こした」「甲国は侵略軍に対して、いま防戦中だ」というニュースが伝達される。国際連合（国連）や第三者から見れば、そこにいた分哨の機能は「鳴子の紐」と同じだと思えるわけです。

トリップワイヤーになる部隊がそこに置かれているとあらかじめ知られているのなら、乙国もそこへの侵攻はためらうでしょう。おかげで、最初から侵略戦争は抑止されるのです。

なぜトリップワイヤーが侵略者を厄介《やっかい》な立場に追い込むのかというと、「自衛戦争」だけが、いまの国際連合憲章が認めている数少ない戦争の一つだからです。

他の有力な先進諸国は、自衛戦争を遂行中である甲国に、堂々と助太刀《すけだち》をしてもよくなるのです。

逆に乙国の味方をするおかしな国は、「侵略者の仲間だ」という認定を受けてしまいます。最低でも国連の経済制裁（禁輸）は覚悟しなくてはなりません。

「戦争のセンス」が皆無の外交官

このような意味での「トリップワイヤー」は、米欧で国際政治や外交を考えている人たちのあいだでは、普通に使われている安全保障用語です。

ところが、なぜか日本では、この言葉が分かる人は、軍事問題の解説をする立場の人のなかにすら、ほとんどいないように見える。

おかげで私などが「トリップワイヤー」という言葉を使うときには、その意味をこうして一から説明しなければなりません。

……ある言葉を使えないわけは、その言葉で表している「概念《イデア》」が、その人たちの頭のなかにまったくないからだと疑えます。

日本の外交や国家安全保障を直接に担当しなければならない高級官僚たち、そしてその活動を領導しなければならないわが国の国会議員たちの頭のなかに、この基礎概念が、欠けているようなのです。

「戦争のセンス」がない、というのにも、それは等しいでしょう。

なさけない話ですが、これが、わが日本国の実態です。

日本版NSC（国家安全保障会議）を主催する外務省を筆頭とした対外折衝担任者たちに「戦争のセンス」が絶無であることが、尖閣海域で日本が、中共の暴力装置（海警や海上民兵等：後述）からさんざん舐《な》めたマネをされてしまっている主因です。

米大統領が介入しやすくなる状況

「悪い国が侵略戦争を開始したぞ」「それに対して自衛戦争が始まったぞ」と、全世界にハッキリ分かるように大音声《だいおんじょう》で知らせてくれる「鳴子の紐」の役割を果たしてくれるのが、戦略的なトリップワイヤーです。

しかしこのトリップワイヤー、海上（たとえば領海線のすぐ内側の海面）に設けようとしても、なかなかうまくいきません。

そこにうまく付け込んでいるのが、いまの中共だといえるでしょう。

中共のいわゆる「クリーピング・アグレッション」（害虫が少しずつ、しかしいつの間にか植物全体を冒してしまうような緩徐《かんじょ》なペースでの侵略）とか「グレーゾーン侵略」だとか呼ばれている手口の特徴をひとことでいえば、「トリップワイヤーを決して引っかけない」ことです。

海上では、侵略的な国家の艦船が他国の領海線を越えたり、主権国のコーストガード船に艦船で意図的に体当たりを喰らわせたりしたぐらいでは、トリップワイヤーを引っかけたとはみなされません。

中共の海警（日本の海上保安庁や米国の沿岸警備隊に相当）などの「公船」が、周辺主権国のコーストガード船を瞬時に撃沈してしまうくらいの激しい火力攻撃をいきなり仕掛けたならば別ですが、その一歩手前のレベルにとどめておけば、大概《たいがい》の悪さはまかり通ってしまいます。

いちばんヘタなやり方、つまり海上であるのにトリップワイヤーを引っかける行為とは、たとえば中共海軍の軍艦が、平時、尖閣沖で海上自衛隊（海自）の艦艇にいきなり主砲や対艦ミサイルを発射して、撃沈を意図した毀害《きがい》攻撃を加えることです。「待ってました」とばかりに、即座に海自の艦艇は、「自衛」のための反撃を開始することができるでしょう。国際法（国際連合憲章）が公認する自衛戦闘としての海戦が始まります。

おそらく中共艦艇のほうが攻防ともに能力は劣るので、中共艦艇が付近から一掃されるでしょう。

その惨《みじ》めな結果が知れ渡れば、儒教圏人にとっては至大な意味のある「面子《メンツ》」が潰れますから、中共の党の指導部も軍の指導部もそのままおとなしく引き下がることはできなくなってしまいます。もし面子が潰れたままに停戦すれば、責任ある最高幹部が国内で吊るし上げられて、失脚するか処罰されるのが儒教圏です。

そのため彼らは、必ず、すぐに新手の艦艇や軍用機を繰り出し、日本との本格戦闘が拡大するでしょう。すると米国大統領からすれば、とても介入がしやすくなる。国際法上のアグレッサー（侵略者）は、先に発砲して攻撃反復中の中共軍側だとハッキリしているからです。

アグレッサーに対して自衛している側は、国連憲章が認めている自衛戦争（正義の戦争）をしているので、もしも日米安保条約というものがないとしても、米国は日本を軍事的に応援できるのです。

中共が尖閣を実効支配する方法

「戦争のセンス」のあるシナ人には、そうなっては不利だという計算が、末端の艦長レベルでも、瞬時に働くのです。したがって、彼らは絶対に、自分たちから先に日本の自衛艦や海上保安庁（海保）の船艇（海保のフネは「船艇」と呼び、海自の軍艦は「艦艇」と呼び分けます。米国でも同様の区別があります）に毀害《きがい》射撃を加えるような馬鹿なマネはしません。

ならば、代わりに彼らは何をするか？

「軍艦」は、ギリギリ後方をうろついて、短時間の領海侵犯は試みるが、せいぜい射撃前段階のレーダー照射だとか、日本艦船の「前路の横切り」などのイヤガラセを繰り返すにとどめておく。そしてもっぱら、警察機関である「海警」の公船や海上民兵（中共政府が補助金を出し、本土の軍から指揮命令を受ける登録漁船で、長期間帰港の必要がない冷凍庫付きの遠洋トロール船が中軸。底引き網を引く大馬力エンジンにより「当たり負け」もしない）の漁船が前面に出て、わが尖閣《せんかく》領海内に踏み込み、日本側の主権を蹂躙《じゅうりん》し、日本の海上保安庁の船艇に船体をわざと衝突させようとしたり、火器ではない凶器等を振り回して海上保安庁や海上自衛隊を挑発したりします。

もし日本の側から威嚇《いかく》警告射撃や必要最小限の毀害射撃をすると、それは国際的に「日本の警察行動」とは説明可能でも、「日本の自衛戦争」とは説明がしにくいので、まず海保も海自も先には発砲ができないのです。

そのうち、ホンモノの漁民を荒天下《こうてんか》で「偽装難破」させて、尖閣諸島に深夜に「緊急避難上陸」させ、それを「救援する」という名目で海警の大型船艇が一隻あたり数百名の

「武装警察（武警）」を尖閣の陸上に送り届けることができるでしょう。

島の上にトリップワイヤーがなければ、そこでゲームオーバー。日本には、武装警察の尖閣上陸、居座りを、実力で排除させられるような度胸のある（あるいは弁の立つ）政治家も外交官もいません。

また、中共が赤十字マークの付いた輸送機を飛ばして空から補給物資を魚釣島《うおつりじま》に投下するのを、日本の航空自衛隊（空自）の戦闘機は「撃墜」できないでしょう。

そうやって時間が経過するうちに、尖閣諸島の「中共による実効支配」は既成事実化し、現在の島根県竹島と同じことになるのです。

偽装漁民の上陸でも侵略戦争に

おさらいしますと、洋上では、外国艦艇が他国の領海線を越えて「無害通航ではない通航」をやったぐらいでは、トリップワイヤーを引っかけたことにはなりません。

中共海軍と自衛隊とのあいだで明々白々な交戦（日本側から見て自衛戦争）が始まったのでない限りは、米国大統領としては、米軍に対して「日米安保条約に基づいて中共軍を攻撃せよ」とは命令ができません。

だったら中共側は、先に発砲して本格砲戦を開始するような愚かなマネをしないように気をつければ、尖閣諸島に「警察機関」を上陸させて占拠させるチャンスが常にあるのです。

それが変わらない以上、日本側がこれから単純に艦艇を増強しただけでは、中共による島嶼《とうしょ》侵略を抑止などできないことがお分かりでしょう。

中共の海警の大型船は、船内に数百名もの武装警察隊員を収容しておける設備を有しています。その大型公船が海保船艇の警備の隙《すき》をついて尖閣諸島に強行接岸し、船内に隠していた数百人の武装警察隊員によって、尖閣諸島をたちまち実質占領してしまった……。

その後で、もし日本政府が「奪回部隊」を尖閣に差し向けたら、どうなるでしょうか？島には日本人は元から一人も住んでいなかった。そして現在は中共の武装警察が機関銃を構えて常駐しているのです。

装備する火器の威力差で、沖縄県警ではハナから歯が立ちません。また、動員ができる人数の点で、海上保安庁にも手は出せません。実力排除するとなったら、自衛隊が向かうしかないでしょう。

しかしそれをやると、外見的には、あたかも日本側が侵略者（アグレッサー）であるよ

中国海警「2350」(手前)をブロックする海上保安庁の「はてるま」

うに見えてしまうのです。なにしろ島の上には、日本側のトリップワイヤーが、何も置かれていなかったのですから。

中共は国際宣伝でそこをうまく強調することにより、米国の介入を終止、拒止できる可能性もあるのです。

「戦争のセンス」があれば、こうしたシナリオはすぐに思い浮かべられるのですが、わが日本国の外務省には「戦争のセンス」のある人はどうやらいないので、日本政府の当路者《とうろしゃ》(重要な地位にいる人)たちは「漁民に扮装したシナ軍人が尖閣諸島を占領する」などという愚かしいシナリオを大まじめに考えているご様子です。

たとえ正規の軍服を着ていなくとも、軍人に指揮された多数の武装集団が外国の島に武器をもって上陸すれば、それは「軍事的な侵略戦争の開始」です。軍人の身分のある者が同乗して指揮している漁船も、国際慣習法上は「軍艦」になります。

それでは国際法上のトリップワイヤーを向こうが引いてくれたに等しい。沖縄県警が出るまでもなく、自衛隊が即時に「自衛戦争」を開始することができるでしょう。

そんな拙劣な偽計を、狡知《こうち》に長《た》けた中共指導部が裁可すると考える日本の外務省には、慨嘆のほかありません。

「偽装海難者」として最初に尖閣に上陸させる漁民たちは、「偽装漁民」などでは話にならず、あくまで「正真正銘《しょうしんしょうめい》の漁民」の身分である貧民をリクルートして使わなくては、他国に対して正当性のある宣伝はできなくなる。しかし幸いシナの漁港でならば、昼間から酔っ払っているようなどうしようもない半失業船員たちが、いくらでも探せます。

ロシアのウラジーミル・プーチン大統領が、二〇一四年にウクライナのクリミア領土を切り取ってしまう作戦を発動したときには、ウクライナ軍の内部が腐敗しすぎていて、侵略（どこの軍人か分からぬ軍服を来せたロシア軍の特殊部隊員たちが領土の内側から一挙に要所を占領）は、たやすく成功しました。しかし日本政府と自衛隊は、ウクライナ政府・ウクライナ軍のように弛緩《しかん》してはいません。

もし、尖閣領土上でみじめにも捕虜になった偽装漁民たちの真の身分（中共軍人）が曝《あば》かれてTVカメラの前に晒《さら》されれば、北京指導部の面子は国際的にも丸潰《まるつぶ》れです。儒教圏では、そのような指導者の権力は保たれません。体制が倒壊するか、米国との核戦争を決意するかの瀬戸際に追い詰められてしまうでしょう。

ですから「戦争のセンス」があるならば、そんなシナリオは、敵のほうがそもそも考えないものなのです。

私たちは、「トリップワイヤーは陸上にこそ張っておくものだ」と、学びました。では、いちばん肝心《かんじん》な問いに戻りましょう。

戦車を尖閣で砲台にすると

常識として、尖閣諸島にいきなり中共の軍人が上陸してくる恐れは少ないが、「偽装難破」を言い含められたホンモノの漁民が上陸し、それを救助することを名目とした警察機関（海警や人民武装警察）が強行接岸する恐れはある——という説明をしました。

では、そんな警察機関であっても、上陸・占領を企《くわだ》てにくくしてやれる、よい方法はないものでしょうか？

あります。それが、普段から陸上にトリップワイヤーを置いておくことなのです。

味方の艦艇が洋上にいくらあってもトリップワイヤーにはなりにくいのに比し、陸上の陣地施設や守備隊は、少人数でも、そのままトリップワイヤーになるからです。

現状では、尖閣諸島の陸上には、日本政府がトリップワイヤーになるものを一切配置していません。

そのため、「トリップワイヤーが島の上にないいまのうちならば、うまく占領をしてしまえるかもしれない」との妄想を、中共指導部に、ずっと促し続けます。敵性隣国に侵略衝動を誘いかけているも同然なのです。

トリップワイヤーを引っ掛けずに陸地を占拠できる可能性がそこにあるからこそ、海警や「海上民兵」も、決して尖閣沿岸での主権侵食活動を止めないわけです。

尖閣の陸上にトリップワイヤーを設ける具体策を私はずっと前から提案しています。すなわち魚釣島《うおつりじま》に穴を掘って、そこに旧式な「74式戦車」を半分埋めて、コンクリートで固め、「沿岸砲台」を設けることです。そのコストはいくらもかかりません。

自衛隊法では、武器を守るためなら、その場の隊員が武器を使用してよいことになっています。怪しいシナ人が魚釣島に上陸すれば、軍服を着用していようといまいと、現場の自衛官は沿岸砲台とその武器弾薬を守るため、現地の判断だけで警告射撃や射殺ができます。これが、最も低予算で設置できる確実なトリップワイヤーです。

74式戦車は衛星写真でも日本の戦車とすぐに判断でき、日本の施政権を視覚的に強調する

重さ約三八トンもあるため、嵐や高波でも流亡はせず、少人数のゲリラや破壊工作員ではおいそれと除去することも不可能な「砲台」が設けられ、そこを自衛官がローテーションで巡回守備していると知ったなら、それだけで「戦争のセンス」のあるシナ人は、もう島の占領は諦《あきら》めます。

なぜなら、そこに工作員が上陸して接近すれば、所在の武器弾薬を守る責任のある自衛官が警告射撃して、「ホンモノの漁民」であれば「自衛隊の施設に接近して武器弾薬を奪おうとした」現行犯として逮捕するか「保護隔離」するでしょう。また、もし武装した戦意満々の工作部隊であったならば、自衛隊による「自衛戦闘」がおおっぴらに始まってしまうだけだと予見ができるからです。

そして、自衛隊にやられて面子が潰れた中共軍が増派やエスカレーションに訴えようとすれば、米軍がそこへ出て来る環境も整ってしまうのです。

そこまで読める以上、「砲台」設置以後の尖閣海域でシナ船艇が引き続いて騒ぎを起こすメリットも、急減することは間違いありません。

なぜ米軍一個大隊をポーランドに

よく、「少人数の守備隊を置いても、大敵に襲われたら全滅するから、よくないではないか」などという素人《しろうと》評論を聞きます。「戦争のセンス」を欠く人による、典型的な「退却主義」の自己正当化でしょう。

たとえば米陸軍は今後、リトアニア国境に近いポーランド（NATO加盟国です）のスバウキ村付近に、いつでも一個大隊を展開できるようにするつもりです。

これは明僚にトリップワイヤーの任務を帯びた部隊です。もしロシア軍の大軍がポーランド領になだれこめば、最前線の一個大隊など、たちまち壊滅でしょう。しかし、現実にはそうはなりません。

なぜかというと、一個大隊がその場で奮戦すれば、申し分のないトリップワイヤーになるのが必定《ひつじょう》だからです。

誰が侵略戦争を開始したのか、一個大隊の奮戦および大損害という事実によって、米国の大統領が銃後の国民に説明しやすくなる。米軍全体では、ロシア軍など恐れていません。むしろ、欧州戦線で堂々と戦争して負かしてやりたいと念じている各級部隊指揮官が、何万人も出番を待っているのです。

プーチンにもロシア軍幹部にも、その後に続いて生ずる事態が読めるだけの「戦争のセンス」があるがゆえに、ポーランドへの正面からの軍事侵攻は、最初から諦めるしかなくなるわけです。

中共が尖閣を諦める簡単な措置

わが国も尖閣諸島の陸上にトリップワイヤーを設けることが、安全、安価、有利です。

現状のように、文字通りの何もない無人島に突然、シナ人の工作隊が上陸して占領を宣言したって、在沖縄の米軍海兵隊は出て行かれるものではありません。

だって、常識で考えてみてください。米国大統領はそのとき、何といって銃後の国民に説明をするのか？

「中共の警察部隊が、前から中共領土だと主張している小さな無人島に上陸した。そこで米国はこれより中共と戦争を始めたい」――。

ありえないでしょう。

米国の連邦議会議員も、米国内の有権者大衆も、そんな「開戦」には誰も納得してくれません。だってまだ一人の日本人もそこで死んだわけではない。日本の自衛隊による自衛戦闘も起きてはいないのですから。

おまけに現場は、クウェートのような大産油地帯でもない（今日、尖閣海域に石油が出るといって騒いでいるのは台湾ロビーとその手先の工作員だけで、米国の石油企業も北京政府も、そんな話は信じていません）。

どうしてそこに米軍が出て行き、米軍人が戦死傷するリスクを冒《おか》さねばならないのでしょうか？

トリップワイヤーとなる少人数の自衛隊員は、なにも、魚釣島に居住する必要まではないのです。ローテーションで数日ごとに次々と新手の隊員が警戒配備に就けばいいだけです。

たったそれだけの措置《そち》で中共側は、「海警」や「武警」を使ったグレーゾーン侵略も、もう諦《あきら》めるしかなくなる。これ以上に安全で安価で有利な対支抑止の妙策なんて、ありません。

グレーゾーン侵略の成功の見込みがなくなったと判断すれば、「戦争のセンス」がある彼らは、最初から、尖閣諸島への上陸占領など企図《きと》しなくなります。この呼吸が理解できるのもまた、「戦争のセンス」です。

第二章　儒教国家と東南アジア諸国の闘い

政府間の約束を破っても儒教圏は

わが外務省は、尖閣諸島の陸上に警察官や海上保安官や自衛官を日常的に巡邏《じゅんら》させることにも反対のようです。

いったいどっち側の国家公務員なんだと疑いたくなりますが、彼らは一九七八年頃、まだ鄧小平《とうしょうへい》が生きていた頃に中共と交わした「尖閣を現状で固定しよう」という内々の約束にずっと縛られているように見えます。

ところが一九九二年、中共の側から一方的に「領海及び接続水域法」をつくって、尖閣諸島が中共領土だと内外に宣言しました。これは日本政府としては決して大目に見てはならない約束事の蹂躙《じゅうりん》だったはずです。が、竹島と同じで外務省は、それに対して何の懲罰アクションも起こしませんでした。

このような場合、近代国家は、トレランス（我慢して様子を見る）を差し挟《はさ》まず、相手国家の約束違反に対して懲戒的な対抗措置をただちに（ただしスタート時点では軽微に、以後、逐次に加重するようにして段階的に）執らなくてはいけません。

こういうのも「戦争のセンス」のうち、なのですけれども、わが外交官たちにこれが欠けているのは、日本国民にとって毎度、不幸なことです。
一九九二年のその時点で、すぐに日本政府は、尖閣諸島を「国有化」したり、諸種の監視センサーを置いたり、港やトリップワイヤーとなる陣地を築いたりする等の対抗措置《そち》を講ずるべきだったのです。

相手が不遜にもさらにイヤガラセや約束違反をエスカレートさせたなら、その都度《つど》、こちらもまた保全措置を漸進的《ぜんしんてき》に強めていく。そして、いったん強化した保全措置は二度と緩和しないで永続させる（儒教圏人が下手《したて》に出てきても、それは一時的な方便ですから、口車に乗ってはいけません）。

そうしておけば、彼らは日本政府の反応を甘く見ることが誤りであることをいつも思い出すことができるので、たとえば二〇一三年に尖閣上空に中共空軍の防空識別圏が設定される、なんてこともなかったはずなのです。

政府間の約束を一方的に破られているのに、それに対して日本政府が加罰的な対抗措置を何も執《と》らないものですから、儒教圏人は「自分たちの立場が強くなった。日本は下位者である」と考えて、ますます図に乗り、約束を守らなくなるのです。竹島問題でも、まったく同じです。

「脱亜入欧」は儒教圏との義絶

西洋近代世界は「公人が公的な嘘をついたら恥じる」という共通の道徳基盤を持っています。「約束やぶり」や「嘘つき」に対しては、少しも寛容ではありません。公人が嘘をつくことをとがめられなくなったら、そこにはただちに「人による法の超越」という事態が生じ、私たちの自由を担保してくれている「法の下の平等」の状態が破壊されるからです。

父親が実の息子に嘘をつくことさえも、恥だとみなされるのです。そうでなくては、個人は尊重されません。

ところがシナや朝鮮などの儒教圏（夫婦別姓の地域とほぼ重なります）では、話はガラリと変わってしまう。

儒教圏では、もともと立場が上の（あるいは急に強くなった）上位者は、立場が下の（あるいは急に弱くなった）下位者に対して、どんな嘘をついても許されるのです。

序列の劣る下位者は、組織の長や、上位にある者（同じ序列ならば年長者）からいかほどに約束やぶりをされようとも反発をしてはならず、逆に心の底から服従し続け、無理な要求にも奉仕をしなければなりません。そのようでないなら天下の乱れはおさまることはない——と彼らはずっと考えてきました。

個人と個人、民族と民族、国家と国家のあいだには、決して対等な「資格」は認められません。儒教圏人にとって、「対等な他者」など、この世には絶対にあってはならないのです。必ずどちらかが、法律にも超越する「長上」であり、どちらかは、ただ命令に従うのみの劣位者（弟分）であるということにしておかないと、安定しない社会構造なのです。

そんな世界観・人間観がまかり通るところに「個人の自由」が確立されるはずもないので、儒教圏の志向は根本において「反近代」だといえましょう（イスラム圏も反近代志向を持っていることでは類似しますが、本書ではその解説にまでは深入りをしません）。

もともと儒教圏ではなかったわが日本国は、明治維新で明確に、儒教圏とは「義絶」して、西洋近代世界の仲間に入るコースを選びました。それがいわゆる「脱亜入欧」です。

軍学者と国学者の「中国」の呼称

「『まえがき』の前に」でも触れましたように、隣の国を「中国」とか「中華」と呼んで敬うのはおかしいだろう、と最初に指摘したのは、江戸時代前半の知識人、山鹿素行です。

――歴代シナ王朝はどれも永続しないですぐに滅んでいる。次々に支配者が交替し続けている。倒された支配者には徳がなくて、天命が離れたんだ、と後講釈《あとこうしゃく》する儒学の説明は苦しいものだ。そして現在の清朝は、宋代の儒学である朱子学が排斥《はいせき》する北方異民族の王朝じゃないか。

それに比べて日本の朝廷は大昔から永続している。こんな国は世界のどこにもない。だったらわれわれ日本国こそが「中国」なのだと誇る資格があるではないか――

と、素行は諭《さと》しました。

彼は、シナ人の頭のなかにある「中国」とは、地理的にどこかを指す概念ではなくて、他集団に対する自集団の偉さを強調する架空の概念《イデア》なのだということが正確に分かっていたインテリだったのです。

山鹿素行より後の世代の日本のインテリは、儒学の専門家たちですら、シナ大陸のことを「唐土《もろこし》」とか「漢土《かんど》」とか呼ぶようにしており、「中国」とは書きません。国学者ならばなおのことでした。

近代世界では、国と国とは、法的には対等です。ところが漢字で国名を「中国」などと表記させれば、「中国」こそが最上等で、他方はすべて対等以下であるというイメージが生ずる。近代世界の精神と、それはなじみません。

そんな不都合《ふつごう》な表記を回避する方法が、わが日本語にはいくらもあるのに、それを採用できないのは、残念ながらわが国の役人たちの教養が「近代」を理解できなくなったせいなのです。

その、まさに儒教圏流の「反近代精神」のたどり着いた末路が、昭和前期の「全方位の侵略戦争」でした。しかし、この話は兵頭の既著でさんざんにしてきましたから、本書では省略しましょう。

現在の「中華人民共和国」は、シナ国土に暮らすシナ人民に主権があるわけではなくて、「中国共産党」という一政党が法的に単独で支配している、特殊な専制空間です。「中国人民解放軍」も、国家や人民の軍隊ではありません。法的には、中国共産党という一政党が保有している暴力装置です。

このあまりに特殊な政体と国体をひとくくりに「中共」と表記し、その特異な軍隊を「中共軍」と表記することは、合理的であり便利でしょう。

どこまでもつけ上がるのが儒教圏

一九六〇年代、米英でもソ連でも天然ガス鉱脈の探査術と採掘術が躍進《やくしん》し、世界のあちこちで次々と大ガス田が発見され、開発されていました。

そして一九六八年に国連が一つのリポートを公表します。尖閣諸島を含む東シナ海の海底を掘ったら、ハイドロカーボン（天然ガスや原油などの炭化水素資源）がたくさん採掘できるかもしれない、というのです。

当時、中華民国（台湾）は、中共（大陸）から侵攻されるかもしれないという危機の真《ま》っ只中《ただなか》にあり、米国石油業界の欲望を台湾の近海へ引き付けておくことができれば、侵略抑止のために計り知れず有意義でした。

実は、原油と違って天然ガスという物質は、ボーリングをすればほとんどいたるところの地中から見つけることができるようです。だからこのリポートは嘘ではありません。掘れば多少はガスが出てくるものなのです。

しかし、その生産が企業採算に乗るかどうかは、またぜんぜん別な問題。苛酷な海象を克服するために余計な投資と維持費が求められる海上油井《ゆせい》——それをつくってでもペイするような優良ガス田は、今日ただいままで、東シナ海には見つかっていないのです（もし見つかっていれば、北海油田のように諸企業が殺到して、たちまち全海面に採掘機械がひしめくでしょう）。

一九六九年末、それまで優良な天然ガス田の開発が進んでいた北海（英国とノルウェーの中間海域）で、原油の大油井が掘り当てられました。

これで、中共指導者の目の色が変わりました。中共が台湾に続いて一九七一年に尖閣諸島の領有権を主張し始めたのは、「そこにも北海油田級の原油が眠っているのではないか」と早合点《はやがてん》したからなのです。

優良油田に一つヒットしただけで、戦後衰弱中であった英国は、みるみる復活しました。鄧小平は、斜陽先進国である英国をまず中共が経済力で凌《しの》いで、国威を内外に示してやるのだと期していたのに、北海油田は、その予定表を狂わせてしまったのです。じりじりと、「中共にも是非とも『北海油田』が欲しい」と焦《あせ》り出した。いかさま無理はなかったでしょう。

「ＵＮＣＬＯＳ」（海洋法に関する国際連合条約）は、一九八二年にその条文内容が固まりました。が、「島」を一つ持つか持たぬかにより「ＥＥＺ」（排他的経済水域）の広さに天と地の差が生ずるようになるという結論は、一九七三年以来の条文討議中から、もう分かっていました。

中共がすぐにも尖閣を奪取するという行動を起こさなかったのは、一九八〇年代はソ連の軍事力が卓絶した脅威であって、一九七九年にベトナム軍相手にすら大苦戦した中共軍の現代化ができるまでは、日本や米国と摩擦を起こしている余裕がなかったからです。

しかしソ連が一九九一年に崩壊すると、もはや中共はおとなしくはしていません。

一九九二年の「領海及び接続水域法」を皮切りに、尖閣周辺や東シナ海をめぐって、むき出しの領土拡張外交と反日宣伝を打ち出してきました。

むろん背景には、「この地域での外交上の長上者は、国連常任理事国であり核武装国でもある中共だ。長期不況に陥り経済成長もできなくなった日本は、間もなく名実ともに地域の劣等者に転落する。ならば中共は、もはや何を日本に遠慮することがあろうか」という彼らの自意識もあったでしょう。

儒教圏人がその本性を現して、他国との約束を自分から破り、「無害通航ではない通航」等の侵略準備行為や、公船・軍艦・軍用機による挑発を反復するようになった以上は、わが国が主権と統治権の及ぶ領土に大急ぎで陣地や兵員を置いて守りを固めるのは、当然のことだったでしょう。

終始一貫、それをさせようともしないわが外務省は、その精神が近代的でなくて、むしろ儒教圏人と親近なのかもしれません。だとすれば、彼らに密室で国策を決めさせることは、日本国を安全にはしますまい。

日本側として早々に決めるべきであった懲戒措置は、「一時的な警察巡邏《じゅんら》隊の尖閣上陸」「一時的な自衛隊偵察警戒隊の尖閣上陸」「常続的な自衛隊によるローテーション警備」「簡易砲台の設置」「領海内機雷敷設」……等々で、それを相手の不遜な出方に応じて逐次にステップアップし、最後は「大使召還」まで行くのも辞さぬという決然とした姿勢を示すこと。それが肝要《かんよう》でした。

これができなければ、儒教圏人はどこまでもつけ上がって、「グレーゾーン・アグレッション」に精を出すばかりなのです。

尖閣周辺に原油溜まりはない

あらためてここで、石油事情についての解説もしておきましょう。

今日の探査・掘削技術を用いますと、地球のほとんどの場所で「天然ガス」を「掘り当てる」ことはできるようです。少量のガス溜まりは、いたるところに存在しているからです。

が、それを大々的に採掘して商業ベースに乗るかどうかは、大いに違う話。海上の掘削リグや海中パイプラインが、潮流や波浪《はろう》や強風にさらされ続ける海底ガス田開発は、コストがおそろしく嵩《かさ》みますので、私企業の採算には乗りがたい。

これが石油となれば条件はもっとシビアになって、そもそも海底の油脈には簡単にヒットしないのです。

逆にいうと、相当に気候の悪い洋上であっても、その下に大油田があるのだと確実に判明したならば、沿岸権益国は全力を傾けてその区域を開発する。そうして企業は殺到し、あたりは海上リグだらけになるでしょう。スコットランドからノルウェーに至る海底に広がる北海油田は、まさにそのようにして開発されました。

尖閣諸島近くの海域に、海底油田はおろか、有望な海底ガス田すらなさそうであることは、中共や台湾による開発アセットの「殺到度」を見ていれば判断のつくことです。一九九九年以降、彼らはリグを探査ベース以上に増やしていません。もちろん、中共企業が公表しているガス採掘量など、信用できたものではありません。

　そもそも、これら海底油田の開発を大車輪で推進させた江沢民《こうたくみん》は、鄧小平（一九〇四～九七年）から中共の最高権力を継承する代価として、「北海油田の極東版」をブチ当てる使命を託されていたのです。

　そのため江沢民は、いかにも有望そうな油田を、渤海《ぼっかい》から東シナ海にかけて掘り当てているかのような嘘の数字を、国内向けに報告し続けなければならなかった。そうしなければ権力の座から追い落とされるという立場にあったのです（もっと詳しい話にご興味のある方は、拙著『極東日本のサバイバル武略――中共が仕掛ける石油戦争』をご覧ください）。

　中共本土から強奪ができそうな距離にあり、なおかつ、絶対確実に大油田があるとも知られているのは、パラワン島西沖から、ボルネオ島（カリマンタン島）西沖にかけての海底です。

　パラワン島はフィリピンの領土ですが、イスラム人口が優《まさ》っており、また治安は必ずしもよくありません。その西沖にあるリードバンクという浅瀬で天然ガスが発見されたのが一九七六年。一九八四年からは原油採掘も始まっています。

　一方、ボルネオ島の西海岸は、マレーシアとブルネイが領有しているのですけれども、過去に、隣接するインドネシアから軍事侵攻され、併合されそうになったことがありました。このときは、旧宗主国の英軍が豪州軍の助けを借りて撃退しています。いまもそのときの名残で、ブルネイには英軍のグルカ兵部隊が一〇〇〇名ほども駐留しているのです。

中共としては、大油田が密集しているブルネイをいきなり攻略しようとかかれば、即座にグルカ兵部隊に自衛反撃され、英国との戦争のトリップワイヤーを引いてしまいます。しかし、ブルネイ沖やその東西（マレーシア領のサバ州やサラワク州の北岸）に大油田があることは、確実なのです。

なんとかトリップワイヤーを引っかけないような巧妙な方法で、これらの海底石油資源を手に入れようというのが、一九九三年に石油の輸入国に転落して以降の中共指導層の筆頭課題です。

そのうまい方法というのが、パラセル諸島を手始めにスプラトリー諸島も片端から実効支配し、南シナ海すべての領有を宣言、おもむろに海上からの「斜め掘り」によってブルネイ沖やパラワン島沖の海底原油を吸い上げてしまうという段取りに他なりません。

ベトナムからパラセル諸島を奪う作戦は、一九七四年から、鄧小平のイニシアチブで始められています。フィリピン本島やパラワン島に近いスプラトリー諸島の支配域拡大は、一九九二年に米軍がフィリピンから撤退した直後に加速されました。

一九九四年には、鄧小平の死期が近づいたと誰もが思うようになり、その「Xデー」後の党内パージを恐れた江沢民が、まず反日キャンペーンを開始することで、朝野の怒りを外に向けさせました。

その一方、尖閣近海での海底試掘で万が一にも油田にブチ当てるという大手柄《おおてがら》（鄧小平の遺命の実現）を立てられないかと焦り始めます。シナ大陸内の地下は鄧小平の意向によりとっくに隅々まで探査され、残る可能性は沿岸か沖合しかないことは、もうハッキリしていました。

中共がボルネオ油田を求める背景

江沢民の南シナ海での資源征服戦略は、鄧小平の策定した路線＝「ボルネオまで占領せよ」を、単純に継承しているだけです。また江沢民の東シナ海での資源征服戦略は、鄧の後継者は自分であることを党内に印象付けたいがために、対日紛争勝利か海底油田発見のどちらかの手柄が必要になったという、個人的な理由しかありません。東シナ海にはロクな油田などなさそうなことは、紛争開始前から、実は見当はついていたのです。

では、そもそもなぜ鄧小平は、経済強国化路線を主導しながら、他方でそんなにまでしてボルネオ沖の海底油田を欲しがったのでしょうか？

およそ一国の経済が進展すれば、必然的に国民一人あたりのエネルギー消費量は増えていきます。これは毛沢東《もうたくとう》のような独裁者でも、止められません。

一人あたりのエネルギー消費量が増えるということは、単純に、人々の生活水準が前よりもよくなったことを意味しています。しかし同時に、それが国家の対外的な立場を弱くする面があるかもしれません。

ロシアのように、自国内で掘り出される石油で国内の油脂燃料需要のすべてが満たされ、大々的に輸出する余裕まであるというのならばとてもラッキーですが、世界のほとんどすべての国家は、経済が成長するに連れて、エネルギーや食料を国内では完全自給しづらくなります。

国民の生存や生活維持のためにエネルギーと食料（あるいはその片方）の輸入が不可欠になる……これを地政学の表現で「アウタルキーがなくなる」と呼んでいます。「アウタルキー」とは、国家が必需品について自給自足できている状態のことです。

人民公社は水爆対策

ところで毛沢東は、国家にとっての最悪事態をいつも考えていた政治家でした。ソ連と米国が同時に中共を攻撃してくるという事態にも、彼は必ず備える覚悟でいました。

そんな究極の軍事攻撃の前には、経済制裁《エンバーゴ》（行政命令としての禁輸）や、ブロケイド（物資の搬入を軍隊が実力で阻止してしまう国境線封鎖）があるかもしれません。はたまた、「石油禁輸するぞ」「全面ブロケイドをするぞ」という外交上の脅《おど》しをかけられるかもしれない。アウタルキーがなくなれば、こうした大国からの脅しに中共政府は屈するほかになくなるでしょう。

そこで毛沢東は人民ゲリラ戦を遂行するため、少なくとも食料、ならびに小火器・迫撃砲と手榴弾などの弾薬の心配だけはしなくて済むようにと、一九五八年から「人民公社」および「大躍進」政策を構想したのです。

具体的には、沿岸都市部から内陸農村へ人々を強制的に移住させ、奥地に無数の分散した経済独立単位（人民公社）を営ませる。食料だけでなく武器（粗鋼生産）も村落単位で自給自足させようというわけです。

全国土の無数の村落に徹底して人口を分散しておけば、水爆攻撃だって凌げる（米ソの核弾頭の数よりも村落の数が多い）、そして空軍や機甲部隊のようなものを攻勢的に運用することをあきらめれば、石油も足りてくれるはずだ……と発想したのでしょう。

ところが、毛沢東の周辺のプロ軍人や計算力のある共産党幹部は、もっと現実に即していくべきだと思いました。

戦略的に自国内で守勢に回るだけであったとしても、今日の戦争には石油エネルギーは不可欠です。たとえば中共軍のチベット征服は、トラックの輸送力によって実現しています。トラックとそれを動かす石油がなかったら、チベット人が高地のゲリラ戦で中共部隊を悩ませ、ついには独立を達成していたかもしれません。イスラム教徒のウイグル人が住む西部沙漠《さばく》地方でも同様です。

ただ「分散」しているだけでは広い国土は統一が保てなくなる。中央政府が辺地の隅々にまで統制力を及ぼすためには、石油で動く現代的軍隊がどうしても必要なのです。その石油は、産業と貿易を振興して輸入できるようにするのが、平時にはいちばん合理的でした。

一九七六年に毛沢東が死に、それと同時に一〇年間荒れ狂った「文化大革命」（上記諸政策の大失敗を認めない毛沢東による権力再掌握闘争）も終焉《しゅうえん》すると、かつて「大躍進」政策に反対して毛から「走資派」のレッテルを貼られた鄧小平が、ようやく最高権力者の座に就きます。

鄧小平は、中共のアウタルキー達成度の悪化を「一人っ子政策」の強制（一九七九年より施行され、一九八〇年から違反者をビシビシ処罰。二〇一三年から緩和されている）によってできるだけ遅らせようと図る一方、シナ大陸の奥地ではなくて、海岸部や大河沿いの大都市が存分に商工業を発達させることで、不足する物資を効率的に調達させたほうが、国力も早く伸張してくれると考えました。船舶は、消費するエネルギーの割に最も大量の物資を輸送してくれる交通機関だからです。

沿岸部を経済発展させるということは、「いつでも圧倒的な海軍力を動かしてシナ沿岸を攻撃破壊できる米国とは、もう正面きっての戦争はしない」という意思表示にもなるでしょう。ソ連軍と対峙《たいじ》していた一九八〇年代は、それが中共にとっては合理的な選択だったのです。

毛沢東・ニクソン密約の中身

のちほどまた検証したいと思いますが、一九六九～七一年にかけて、米国のリチャード・ニクソン大統領と側近は、中共最高指導部（その頂点は毛沢東）とのあいだで、「両国はICBM（大陸間弾道弾）競争をしない」「米国は東京に核の傘《かさ》をさしかけず、日本には決して核武装させない。東京は当分、中共からの核攻撃に対して丸裸にしておく」といった内容の「密約」（近代的な政府間条約のスタイルをとらない、トップ同士の口頭了解や暗黙合意）を交わしたと推定されます。

儒教圏人にとり、米国元首とのあいだでのこのような密約にこそ、至高の価値があります。

というのも、「この世に対等の二者などあり得ず、すべての個人にも国家にも一番からビリまでの序列がある」、と考える儒教圏人特有の世界観では、現代世界の頂点に君臨する「アメリカ合衆国」の元首は、まさに古代の「天子」と等しいからです。

その宇宙の最高権力者とのあいだに核軍備の対等を保証する複数の近代的な条約を締結してきたソ連は、「天子様から体制の生存保証をされる」という特権を勝ち取ったので、さしずめ世界で二番目に偉い。

それにいまや毛沢東が続いている、と思いたい。その願いがとうとう実現しました。まんまと宇宙の最高権力者（ニクソン）とのあいだに密約を結んで、その天子様から「中共体制の生存保証」という特権を頂戴できた。彼らの宇宙観では、これで毛沢東の中共は、ソ連に次いで世界で三番目に偉い、ということになったのです。

もちろんシナ人は、「いつかは自分たちこそがソ連やアメリカ合衆国の地位にとって代わらねばならぬ」との抱負は保持しています。が、当面はソ連に準じた地位の特権者として米国から扱われたことが、彼ら儒教圏人にとっては、このうえなく幸せでした。

一九七六年の毛沢東の死去直後、中共幹部の第何位までが、この密約について知っていたのかは、私たちには知るすべがありません。おそらくプロ軍人たちは、制服トップ以下、一人も知らされてはいなかったに違いないと私は思います。今日でもそうであると仮定しておくと、いろいろとちぐはぐな彼らの軍事政策を解釈するのにも、とりあえず矛《む》盾《じゅん》がありません。

儒教圏での密約の価値は、それを関知する者が少ないほど高い。それを知らない者に対して、序列闘争上、あるいは政治統制上の優位が保証される妙味もあります。

たぶん本書執筆時点（二〇一六年末）だと、江沢民と習近平《しゅうきんぺい》の二人だけが伝承しているのでしょう。

まあそっちの詮索《せんさく》はともかくとして、鄧小平が毛沢東の「奥地疎開」路線を反転させた時点では、この「毛＝ニクソン密約」の内容は、鄧小平に伝承されていました。

海洋進出を決意させた天安門事件

ところが、鄧小平の抱いていた束《つか》の間《ま》の安心感が、とうとう瓦解《がかい》する日がやってきたのです。東欧諸国の専制政権が軒並み人民から攻撃を受け、本尊《ほんぞん》のソ連邦が崩壊に向かうさなか、一九八九年に「民主革命」の火種《ひだね》が北京の天安門広場に飛び火して、学生による騒動になってしまった。

ソ連があのような形で崩壊していくということは、米国との核軍備対等条約が必ずしも専制的「政体」の延命を保証するものではなかったという事実が中共に突き付けられたようなものでした。鄧小平にとってはそれは苦々《にがにが》しい現実です。

が、米国のジョージ・ブッシュ（父）大統領以下の言論が、こぞって天安門広場に集まったシナ人学生の味方をしたことは、もっと深刻な衝撃でした。

「米支はＩＣＢＭ競争をしない」との密約には、米国が中共の体制の将来の存続を保証する含意はない、という声明が、米国政府から発せられたに等しいのです。それを象徴していたのが、学生たちがどこからか天安門に運び入れてきた縮小レプリカの「自由の女神」像でした。

江沢民が指揮を執った武力鎮定《ちんてい》の過程で学生たち数千人が中共軍によって闇のなかで殺されたと噂《うわさ》されています。いまだに、その死傷者名簿等は明らかにされていません。

この天安門事件後の西側世論の反発（対支経済制裁も発動されています）に対し、最高権力を把持《はじ》したままひとまず政界のバックステージに退隠した鄧小平は、見込んだ後継者である江沢民に命じて、果然、シナ沿岸海上における攻勢的な軍備拡張と、沖合遠くまでの海底資源奪取政策を、強力に推進させ始めたのです。

侵略優先順位が高い海域とは

中共軍が、対米戦争用を念頭にした新戦略ミサイル原潜（０９４型／晋型）の開発を始めたのも、天安門事件後です。まず「０９３型／商型」という海戦用の新型原潜を試作させて、それを大型化させるという段階を踏んでいます。搭載するＳＬＢＭ（潜水艦発射式弾道ミサイル）の射程を延長する研究は、大型原潜の設計や建造以上に時間がかかるものなので、初号艦の進水は二〇〇五年になりました。

それ以前の中共海軍には、対ソ核報復用の習作的な戦略ミサイル原潜「０９２型／夏型」がたった一隻あったのみでした（もう一隻あったが事故で喪失）。しかし、天安門事件に関する米国政府の態度を見て、鄧小平は断然、決心したのです。

「ニクソン＝毛密約」には抵触をしない流儀で、将来の対米抑止用戦略核戦力の構築準備を開始すべき時が来たのです。

「対米戦争用の戦略ミサイル原潜の基地は、海南島に造れ」という指示も、鄧小平が出したのでしょう。遼東《りょうとう》半島や山東半島にはよい海軍工廠《こうしょう》ができています。しかし黄海《こうかい》に面しているため、韓国内の米空軍基地から近すぎる。開戦と同時に圧倒的な反復空襲を軍港に受けてしまうのでは、面白くありません。

もし海南島の前に点在するパラセル諸島とスプラトリー諸島を平時からすべて中共軍の支配下に置き、南シナ海に米空母が入ってこられないようにできるのならば、海南島の軍港は、「対米開戦直後の空襲」を受けにくくし得るでしょう。黄海に面した遼東半島や山東半島の海軍基地では望み得ないメリットでした。

スプラトリー海域の支配強化は、探査するまでもなく確実に「大慶《たいけい》油田」以上の巨大原油溜まりが存在しているボルネオ島西沖へ中共の支配力や影響力を及ぼせるという点で、まさしく「一石二鳥」の長期政策でした。

現在では、南シナ海について中共が勝手に主張中の「領海」エリア（いわゆる九段線）

の内側には、有望な油田などないことも分かっています。

しきりにあると騒いでいるのは、ＣＮＯＯＣという中共の国有油田開発会社だけ。彼らは莫大《ばくだい》な国庫資金を運用していますから、ポジショントークとしてそんな嘘でも言い続けないと、党内ライバル派閥からの告発で、役員が裁判にかけられ、あげく銃殺までされかねません。

二〇一五年の時点で、米国のＥＩＡ（エネルギー情報局）が、南シナ海の地下には一一〇億バレルの原油（イラクの埋葬原油量は一四四〇億バレルですので一桁少ない）と、一九〇兆立方フィートの天然ガス（ロシア一国の埋蔵量よりも二桁少ない）が埋蔵されているという推定を公表しています。

ただし、ほとんどが「九段線」の外側。もうどうしても中共軍は、パラワン島やボルネオ島の沿岸陸地にまでも勢力を押し進めないでは、石油が手に入りそうにありません。

中共の石油自給は絶望的

仮に中共がボルネオ島とその周辺の油田を全部支配できたとしても、爆発的に増えてしまった現在の中共本土の石油需要量を、とてもまかないきれるものではありません。しかし、たとい全需要の一割相当とか二割相当に過ぎぬとも、いまよりも少しでも余計に支配領域内で石油生産が確保できるようにすることで、国家の未来の戦略選択の余地は、俄然、広がるのです。

たとえば、隣国のロシアが将来もっと弱くなったなら、中共は、「シベリアはもともと清国のものだった」という一度引っ込めた主張をまた持ち出して、西シベリアから北樺太に至る石油・ガス資源も奪ってやろうと狙っています。もし成功すれば、今度こそは中共悲願の「石油アウタルキー」は実現されるでしょう。

しかし、その領土侵略の動きを察知した国際社会は、間違いなく対支石油禁輸を発動するでしょう。そうなった暁《あかつき》に、わずかな石油自給力の違いが、モノをいうのです。「あと少し軍隊を活動させ続けるだけの石油があれば、侵略戦争は完遂できる」という見通しが立つからです。

米国海軍大学校で国際海洋法の教官を務めているジェイムズ・クラスカ氏は、スプラトリー海域に関する領土・領海・EEZの利害で中共と最も尖鋭《せんえい》に対決することが避けられない三つの国として、ベトナムとマレーシアとフィリピンを特に挙げています（たとえば二〇一五年九月一七日にインターネット上に公開されている時評「The Nine Ironies of the

South China Sea Mess」を見よ)。

クラスカ氏は、この三国がもし小異を捨てて「対支同盟」を結んだならば、ASEANもEUもNATOも応援するし、おそらく、ロシアすら肩を持ってくれるだろう、と推奨しています。本当にそうでしょうか?

地政学的に、これらの国々の立場を点検してみましょう。

日本の運命的で潜在的な同盟国

調べるまでもなく大油田の存在が確実であるために、中共が喉《のど》から手が出るほど欲しいボルネオ島(カリマンタン島)は、マレーシア、インドネシア、ブルネイによって領有されています。

ブルネイは、広範囲なスプラトリー諸島についての領有権をほとんど主張していません。が、いまや新規の油井は同国の沿岸海域(ボルネオ西岸沖)にしか掘ることができないため、中共がスプラトリーの全島嶼《とうしょ》を支配して、さらにそこからEEZが発生すると主張し始めた場合には、鉱区の九割を奪われてしまうことになります。死活的な利害衝突が起きるといえましょう。

インドネシアは、「対支」に関して、ブルネイやマレーシアより余裕あるスタンスです。というのは、ボルネオ島のインドネシア領土は、南シナ海のスプラトリー諸島と直接に向き合う海岸を含んでいないからです。おかげでインドネシアは、中共とは「領土争い」の当事者にはなっていません。

ただ、スプラトリーよりも南にあって、そこはインドネシア領土だと中共も認めるようになっているところのナトゥナ諸島から発生するEEZ（そこには海底ガス・石油資源がぁると中共は目を付けていぃます）を、中共が「伝統的漁場」だとして、強引にシナ漁船団に違法操業をさせ続けている問題があります。

これに腹を立てたインドネシア海洋水産大臣のスシ・プジアストゥティが、拿捕《だほ》した漁船を片端から「公開爆破」していることは、ニュースにも報道されています。しかしこの派手なパフォーマンスは、逆に両国間の懸案が深刻ではなく、軽いものであることを象徴するのかもしれません。インドネシア政府が高速鉄道事業を二〇一五年に中共企業に発注した事例などは、その傍証《ぼうしょう》でしょう。

これがベトナムだったならば、国内の巨大インフラ建設の入札に、そもそも中共企業を招じ入れることなどないでしょう。

ベトナムは、まだベトナム戦争が公式に終わっていない一九七四年からパラセル諸島の一部を中共軍によって武力占領されてしまい、一九七九年には本土に大規模な侵略戦争まで仕掛けられました。

一九八八年三月にも、スプラトリー諸島のいくつかの島を巡って戦闘が発生。秘密主義の国なのでビデオ記録が残されていないのが国際宣伝上の不利を招いていますけれども、ベトナム兵七二名が殺され、島は奪われたようです。

その後も、漁場や試掘リグを巡る洋上紛争が恒常的に発生していることは、ニュースでもよく報道されています。

つまり、中共とベトナムは常時戦争状態にあるようなものです。

ベトナムのように中共と陸上国境は接していないが、ボルネオ沖油田を狙ってスプラトリー諸島と南シナ海全域の支配を進める北京の長期政策を見抜き、慌てず騒がず「対決」の覚悟を固めているのが、マレーシアでしょう。

マレーシアは、インドネシアとともに、マラッカ海峡の海面の半分を扼《やく》しており、いざとなったらマラッカ海峡を機雷封鎖することで、中共の息の根を止めてやることができます。

これに対して中共は、たとえば二〇一三年三月には、マレーシアの陸地から五〇海里《かいり》(約九三キロ)しか離れていない南シナ海上で上陸作戦訓練を実施しており、マレーシア政府を揺さぶっています。シナ系住民に経済を握られているマレーシアは、中共と公然と敵対するのが難しいポジションです。

マレーシアと国境線の対立があるタイの軍事政権が国際的に孤立しているのにも、中共はうまく付け込んでいます。

タイはタイランド湾に面していますが、島嶼《とうしょ》の領有権を巡る中共との対立は一つもないので、中共としてはとても工作しやすいのです。このままだと、タイはラオスやカンボジアのように中共に取り込まれていくでしょう。

日本は、マレーシアやベトナムやフィリピンを個別に「武器援助」によって応援することができるでしょう。それによって、最も速やかに中共体制を崩壊させることができるかもしれません。

しかしその話に進む前に、「毛=ニクソン密約」と「核の傘」の関係について、明らかにしなければなりません。

第三章　米中密約——偽りの弾道ミサイル防衛

NATO諸国が握る水爆の秘密

一九七一年五月末以降、わが日本国には米国の差しかける「核の傘《かさ》」は存在しません。今日、ただいまも、ないのです。

日本の外務省が「ある」といっているのは、事実を国民に説明しないことを天職に選んだ役人たちの意向による、惨《みじ》めな嘘です。

なぜ、そのようなことになってしまっているのか？

その説明をする前に、欧州のＮＡＴＯ諸国は、どのようにして「核の傘」を米国から差しかけてもらっているのか、そこから確かめておきましょう。

米国は、自国では核武装をしていないドイツやイタリアなど欧州のＮＡＴＯ加盟国に、クレディビリティの高い「核の傘」を与えています。

クレディビリティというのは、西側の核抑止理論の世界においては、「共産陣営やロシアから西側の非核国に向けて核攻撃があったとき、軍事同盟している米国が疑いなく核反撃によって仇《かたき》をとってくれるだろう」と思えるような、客観的な信憑《しんぴょう》性です。未来のことですから、「絶対」はないのですが、「米国による報復核攻撃が実行されることはほぼ間違いあるまい」と見える態勢というのは、欧州NATOについては、実在するのです。

それは具体的には、米空軍が欧州NATO加盟国内で共同使用している五ヵ所ほどの空軍飛行場の敷地内に、米空軍所管の投下式核爆弾の貯蔵用地下施設を維持することによっています。

五ヵ所がどこの空軍基地なのかは非公開であるうえ、常に同じ場所でもありません。が、ベルギー国内には間違いなく一ヵ所あるようです。トルコのインシルリク基地にも、二〇一六年のクーデター未遂事件以前には、核爆弾が数十発、貯蔵されていたそうです（事件を契機にいったんルーマニアの基地に移送されました。その後どこへ貯蔵したかは非公開。トルコもルーマニアもNATO加盟国です）。

核爆弾は「B61」という型番の軽量の水爆です。これがヨーロッパ全体で、現在、一〇〇発前後、貯蔵されています。米本土にも、いくぶん異なった複数のバージョンの「B61」が、もっと多数ストックされています。

基本型の「B61」爆弾の直径は三三センチ。長さは四メートル弱。重さは三二〇キロしかありません。にもかかわらず、戦略目的だと三四〇キロトン、戦術目的だと一七〇キロトンの大破壊力を発生させることができます（ダイヤル可変式となっており、二次被害を抑

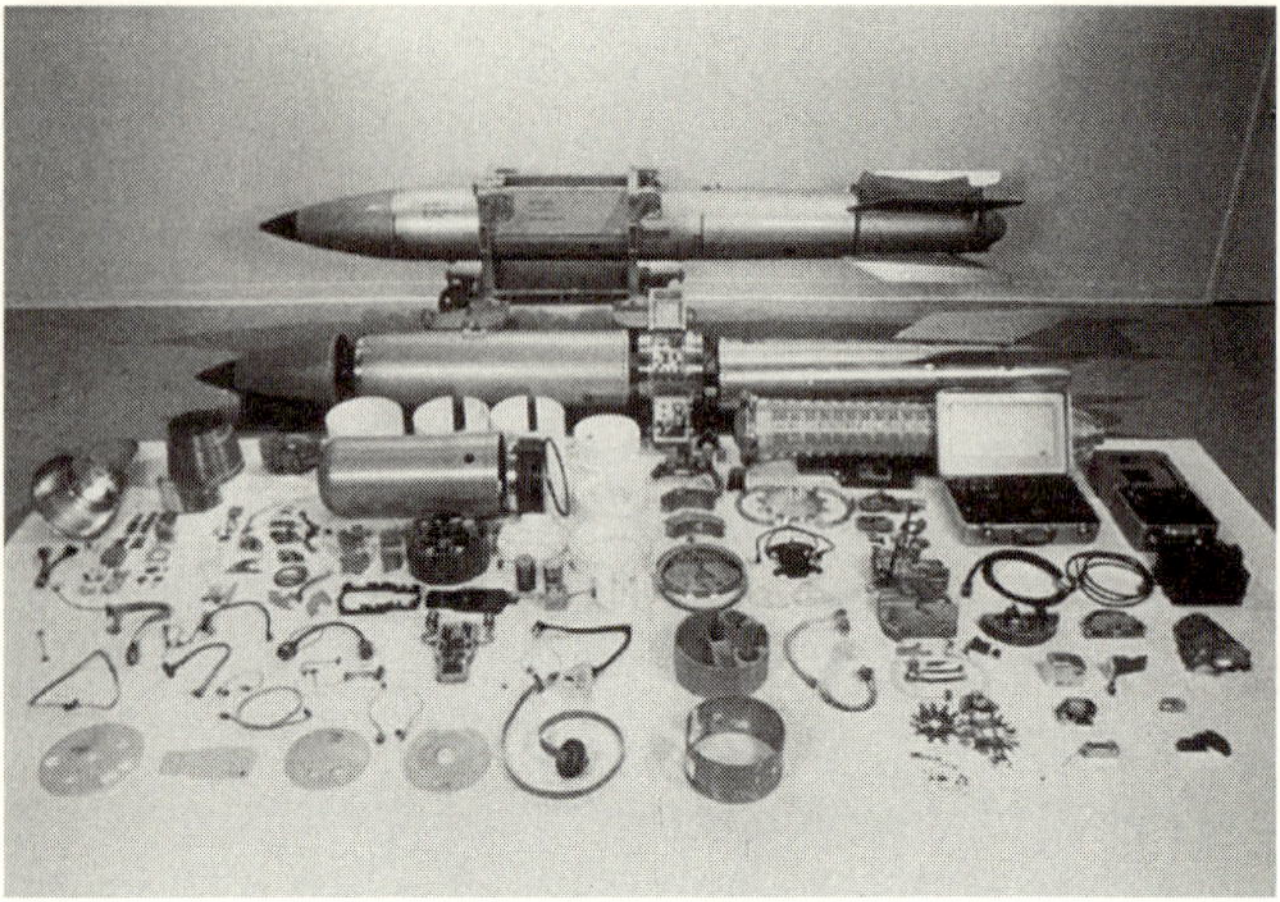

水爆「B61」と部品

えるため、ずっと低出力にすることも自在)。

外形は、通常の五〇〇ポンド爆弾と類似します。が、それよりは重いため、投下訓練では、通常の一〇〇〇ポンド爆弾にセメントなどを充塡《じゅうてん》した「教練爆弾」を使っています。米空軍の教官が、NATO軍パイロットたちに、「核爆撃はこうするんだぞ」という稽古《けいこ》をちゃんとつけてやっているのです。

爆弾は万一、倉庫から盗み出されたときのことも考え、起爆に絶対必要な部品をいくつか外して別々な場所に保管してあるのはいうまでもありません。この分割保管方式により、たとえば米軍司令官の同意なくしてホスト国が勝手に核爆撃を決行するような不統制も防がれています。

もしロシアが欧州でNATO加盟国に対する戦争を仕掛けるとすると、ロシア軍の参謀本部は、まずNATO軍の有力な航空基地を数日間、機能停止させたいと願うでしょう。航空優勢が確保されていなければ、機甲部隊の一挙躍進も難しくなるからです。

そのための敵航空基地への開戦第一撃に、もしもロシア軍が戦術核兵器を用いたなら、米空軍はただちに、ドイツ空軍やイタリア空軍やオランダ空軍の戦闘攻撃機のために、この「B61」爆弾を提供することになります。

これを「ニュークリア・シェアリング」(報復核兵器の共有政策)といいます。初期には、潜水艦発射式や陸上発射式の核ミサイルでも、欧州主要非核国との「ニュークリア・シェアリング」が模索されたものでしたが、今日では「B61」爆弾だけがシェアリング・アイテムとなっています。

欧州に見る米国「核の傘」の形

NATO諸国軍のパイロットたちは、自国が核攻撃されたことへの報復のため、米国製のこの水爆を「トーネイド」攻撃機やF16戦闘機に吊るしてロシア領まで飛行し、モスクワに投弾することさえもできるのです。イタリア南端からドイツ北端までの距離と、ベル

ドイツ空軍の長距離侵攻攻撃機「トーネイド」

リンからモスクワまでの距離は、だいたい同じです。

NATOは「集団的自衛権を行使する」と標榜する機構ですから、ロシアがどこか一国だけを選んで攻撃したとしても、NATO全体で反撃する建て前です。したがって理論上は、ポーランドが核攻撃されたことへの反撃として、デンマーク空軍やノルウェー空軍が「B61」爆弾でロシア領を空爆することだって考え得るのですけれども、それはクレディビリティの伴う未来予想とはいえないでしょう。

現実には、平時から「B61」が貯蔵されていると見られているドイツ、オランダ、ベルギー、イタリアに対して、最も確からしく思える米国からの「核の傘」が差しかけられていると、ロシア側でも見ています。

　NATOが平時からそのような想定訓練や演習を実施し、デモンストレーションしていれば、ロシア政府としても「モスクワ市の壊滅」という未来を真剣に考慮しないわけにいかない。かれこれよく検討をしたうえで対西欧の戦争を指揮しなくてはなりません。結局それが、抑止になるのです。

　クレディビリティの高い核反撃態勢が整っているその結果として、ロシア軍のほうからNATO諸国を先制核攻撃するようなことはまずない、と思えるようになっている。欧州には、そのような形で米国の「核の傘」が与えられています。

日本に「核の傘」はあるのか

　ひるがえって日本国には、これと同様の抑止機能を果たす「核の傘」が米軍によって差しかけられているでしょうか？

　一九七一年一一月に、衆議院で「非核三原則」が決議採択されて、日本国内には米軍の核弾頭も持ち込ませないのだと、内外に公式声明した格好になっています。その時点より以降は、欧州NATO式のクレディビリティの高い「核の傘」は、日本政府の意思によって拒絶されているのです。

この一九七一年とは、どんな時節だったでしょうか？　北朝鮮国境に接した吉林省《きつりん》に、東京まで届く中共の水爆ミサイル「東風3」が初めて並べられた年なのです。

そのタイミングで、佐藤栄作《さとうえいさく》内閣（一九六四～七二年）は、米国のリチャード・ニクソン政権（一九六九年一月二〇日～七四年八月八日。ヘンリー・キッシンジャーが当初、大統領の補佐官に就き、一九七三年に国務長官に就任）を手玉に取ろうとする毛沢東の望み通りに、「中共の核ミサイルに対して日本は独自の核報復手段は整備しません。クレディビリティの高い米空軍の核の傘もお断りします」と宣言したわけです。

非核三原則のうち「持ち込ませず」は、「ニュークリア・シェアリングを拒否します」という宣言と同義です。中共の地域覇権を公認するも同然。さすがに官僚と与党から反対意見があったようですし、米国政府も腑に落ちない思いだったでしょう。

しかし佐藤は戦前の鉄道省の官僚に過ぎず、国民に近代自由主義の理念や国防政策の合理性を談話によって説諭し得るだけの言語能力は持ちあわせていませんでした。なんと、対外公約として「持ち込ませず」を打ち出しておき、米軍には「裏で黙って核を持ち込んでくださいよ」という、「公人が公的に嘘をつく」政策を、国是《こくぜ》として堂々と採用しようとしたのです。

この態度を米国政界の一流人士が見れば、「いかにも中共は自由世界の敵だが、日本人にも自由主義などなく、ご都合主義的に誰かとつるんで、また世界を苦しめるかもしれないアジア人だ」と考えたことでしょう。公人が公的な嘘をついて恥じぬ「反近代的」空間には、自由な個人など育つはずはないのです。

大統領になる前から佐藤栄作のことを知っていたリチャード・ニクソンが、いよいよ佐藤を軽蔑《けいべつ》していることを見抜いた毛沢東は、巧みに裏交渉を進めました。結果、ニクソン政権から佐藤政権に因果《いんが》を含め、「日本は将来も核武装しない」と約束をすることになったのです。

一九七二年五月一五日以前は、沖縄県は米軍に公式に占領されています。その沖縄県をどうしても自分の総理大臣任期中に返還してもらいたい佐藤栄作は、いかなる対米交渉でも常に弱みを握られたような状態にありました。

しかし本来なら、中共が第一回の原爆実験（一九六四年）を成功させた直後に成立している佐藤内閣は、日本人の安全を保障するための手段を、公的に、未来に向けてフリーハンドにしておくべきでした。そのような戦略的な対米折衝こそが期待されていたのです。

が、彼らにはそんな能力は遺憾ながら欠けていて、日本国民の生命財産を、将来にわたって敵性隣国の核兵器の前に無防備にする道を、よくないとは知りつつ選んでしまった、というのが真相でしょう。

佐藤栄作がニクソンに対して「日本は将来も核武装しない」と最初に誓わされたのは一九六九年一一月のトップ会談の場だったと考えられています。

輸送拠点に降格した横田基地

それからニクソンは何をしたでしょうか？

沖縄本島の恩納《おんな》、読谷《よみたん》、勝連《かつれん》（当時）、金武《きん》の四ヵ所には、射程二二〇〇キロ、弾頭出力一メガトンの「メイスB」という地対地巡航ミサイル六〇基が、北京を睨《にら》んでいました。その最初の発射部隊の展開は一九六一年夏から始まっています。米連邦議会下院が「メイスB」のための地下発射基地を沖縄に建設する予算を承認したのが一九六〇年五月で、当時の大統領は共和党のドワイト・アイゼンハワーです。

かつてアイゼンハワーの副大統領だったことのあるニクソンは、一九六九年にこの「メイスB」部隊の撤去を決定しました。作業は一九六九年末から開始され、沖縄返還の一九七二年春には、一基もなくなりました。

前後してニクソン政権は、一九六八年から嘉手納《かでな》基地に常駐していたB52戦略爆撃機も、沖縄から去らせています。

なにもかも、毛沢東を喜ばせる話でした。

しからばニクソンは、日本が核武装しないことを佐藤に誓わせた見返りとして、それまで以上にクレディビリティの高い「核の傘」を、日本国のために提供したでしょうか？

ニクソン政権は粛々と、逆のことをやっています。

東京都にある米空軍の横田基地には、一九六三年に福岡県の板付《いたづけ》基地から「F105D」という核攻撃機が移駐してきていました。これは衛星偵察によって中共の核実験の近いことを察した当時の米国のジョン・F・ケネディ大統領が同年一一月に暗殺されてしまう前に、日本に

発射された「メイスB」

「クレディビリティのある核の傘を提供しなければならない」と考えての措置だったでしょう。

横田の米空軍のF105Dは、一九六七年からは、最新鋭のF4「ファントム」戦闘攻撃機によって機種が更新されます。そのF4部隊の任務も、引き続いて、中共に対する核爆弾の投下にありました。

ケネディの副大統領だったリンドン・ジョンソンが大統領に昇格した政権（一九六三〜六八年）は、日本の航空自衛隊に核爆弾を運用させるつもりこそありませんでしたが、核爆弾投下任務を帯びた米空軍機を横田に常駐させることによって、欧州NATO諸国に提供しているのに近い、クレディビリティのある「核の傘」を日本に与えてくれていたのです。

ところが佐藤栄作は、早くも一九六七年末、国会において「非核三原則」を唱えています。戦前生まれの日本の指導者層には「戦争のセンス」のある者は稀《まれ》で、せっかく米国が提供してくれていた「クレディビリティの高い核の傘」も「要らない」といったのです。

こうした日本人の愚昧《ぐまい》さに毛沢東がうまく付け込み、ニクソンも日本は踏み台にしてもいいのだと思うようになりました。

一九七一年の「非核三原則」決議により、日本の国会がわざわざ「米国の核攻撃部隊は領土から出て行け」と要求したのも同然なのですから、米政府としても横田にF４部隊を置く意味がありません。そこに毛沢東サイドからの働きかけもありましたので、横田から核攻撃任務部隊は撤退することになってしまったのです。

中共を核攻撃できる機能の備わった横田基地の戦闘攻撃機や爆撃機（B57など）は、逐次にすべて、日本本土の外側へ飛び去って、一九七一年五月以降、東京都の横田基地は、米空軍の輸送拠点飛行場とされています。このとき以来、日本には米国の「核の傘」が存在していません。

「核の傘」を擬す巡航ミサイル

わが国の外務省を中心に、「米海軍の艦艇が備えている戦術核兵器が、日本にとっての核の傘だ」と示唆《しさ》する論述が、日本国民向けに試みられることがあります。

これも嘘です。なぜなのかを説明しましょう。

一九六〇年（アイゼンハワー政権時代）から六三年末まで、米海軍はディーゼル電池動力の潜水艦に「レギュラス」という核弾頭付きの巡航ミサイルを搭載して、日本の周辺海域を積極的に遊弋《ゆうよく》させ、かつ頻繁《ひんぱん》に日本の軍港に立ち寄らせることで、日本人を安心させようとしていました。

ソ連からの核恫喝《どうかつ》や、一九六三年頃から予見された「中共の核武装」という新事態に際しても日本人が動揺することのないよう、「米軍がついているぞ」というプレゼンス（軍事力の存在）を、共産側と日本人の双方に見せつけていたのです。

当時、米海軍の航空母艦にも「マーク7」という投下核爆弾が積み込まれていました。艦上攻撃機がそれをシナ本土に投下することは可能でしたけれども、大型空母は随伴艦隊といっしょに行動しなければならないもので、単艦行動できる潜水艦のように気軽に特定海面へ派遣して示威させるというわけにはいきません。まだ横須賀基地も、米空母の母港とはなっていませんでした（母港化協議開始が一九七一年二月。最初の空母「ミッドウェー」の入港が一九七三年一〇月）。

また、真珠湾の教訓以降、米海軍の主要艦艇は、国際関係が緊張したときには、外地の軍港内などでぐずぐずしていることはありません。さっさと外洋へ出て、敵国のスパイの目から所在をくらましてしまいます。そうしないと、ソ連潜水艦から発射される弾道核ミサイルで、奇襲的に軍港ごと吹き飛ばされておしまいだからです。いったん遠洋へ出てし

浮上した潜水艦から発射する「レギュラス」（撮影：Max Smith）

まいさえすれば、潜水艦発射式の核ミサイルでも、米空母艦隊をヒットすることは、事実上、できないとされています。

わが外務省は、「レギュラス」搭載の米海軍の潜水艦の日本近海プレゼンスによる「擬制的な核抑止」を、最も気に入ったにちがいありません。

なにしろ、国会答弁を乗り切りやすかったろうからです。

「レギュラス」巡航ミサイルは、すぐ次に登場する「ポラリス」弾道ミサイルとは違って「非核弾頭」兵器としても運用されます。また国際法上、軍艦の内部はその旗国の領土であるとみなされます。

したがって、当時の有力野党の日本社会

超音速の空対地核ミサイルだった「SRAM」

党（ソ連と中共が、韓国の次に日本を征服して共産化してしまうと真剣に信じ、その日に備えていつも自分たちの言動に気をつけているような人々でした）が、もし国会で質問をぶつけてきても、閣僚や政府委員（すなわち外務省高官）は「米国は日本本土には核兵器を持ち込んでいない」といった強弁ができただろうからです。

反対に、オフレコで「中共が核武装するのに日本は何もしなくていいのか」と突き上げてくる自民党議員に対しては、「レギュラスを積んだ米潜が佐世保《させぼ》や横須賀に頻繁に寄港してくれています。これが日本に差しかけられている米国の核の傘です」と、やはりオフレコで説明するのに不都合はなかったでしょう。

しかし日本外務省にとって惜《お》しいことに、旧式な「レギュラス」は、一九六三年末に姿を消してしまいます。

それに代わって米海軍の戦略核打撃力の切り札となった「ポラリス／ポセイドン戦略ミサイル原潜」は、米本土の軍港を出港したら帰投するまで浮上も寄港もしませんので、特別に日本のために差しかけられている「核の傘」というキャラクターは、もうありません。

一九七二年には、米空軍のB52重爆撃機やF111攻撃機から運用できる空対地ミサイル「SRAM」が完成しました。しかしこれは核弾頭のみなので、日本にも沖縄にも持ち込めません。

田中角栄が外務省と連繋して

一九七二年に成立して、対支外交で点数を稼いだ田中角栄《たなかかくえい》内閣は、外務省チャイナスクールと連繋するようになり、「日本の防衛力を経済力に比例して増強してもらっては困る」との北京筋の注文を汲《く》むように努め、それは一九七六年になって後継の三木武夫《みきたけお》内閣

潜水艦から発射される「トマホーク」

が「国防予算額は将来にわたってGNPの一%以内にする」との無謀な閣議決定に結実させました。

その直後から中共の「東風3」よりも、ソ連の戦域核（重爆撃機から発射される空対地ミサイルや、準中距離～中距離弾道弾）が日本の重大脅威になってきます。

ジミー・カーター大統領の弱腰外交が米国民に嫌われて、一九八一年一月にロナルド・レーガン政権が発足すると、同年四月、キャスパー・ワインバーガー国防長官が、日本のための「核の傘」があると、わざわざ明言してくれます。

この政権がまた、日本外務省主流派（北米局と条約局〈現国際法局〉）にとっては救世主でした。なんと一九八三年以降、日本の軍港を利用する米海軍の戦術任務原潜に、対地攻撃用の「トマホーク」巡航ミサイル（核／非核両用）を搭載してくれたのです。

戦術任務原潜は、ちょくちょく横須賀にも寄港してくれます。横須賀は東京湾にあるので、外国から見て、東京に差しかけられた「核の傘」のように見なせないこともないでしょう。国会で野党から質問されたら、「核弾頭を積んでいるとは承知していない」と言い張ればいいだけ。一九六三年以前の「レギュラス」時代に研究済みの問答です。

しかしソ連の政体生命が終了したのを承《う》けて、一九九一年にブッシュ（父）大統領が、原潜を含めた米海軍の全艦艇から核トマホークを撤去（陸揚げ保管）するように命じ、これによって再び東京は、中共からの核攻撃に対して「丸裸」に戻ってしまいます。

民主党のバラク・オバマ政権がスタートした二〇〇九年、外務省北米局は、陸揚げされたままの原潜用核巡航ミサイルの「核弾頭分解処分」（核物質の兵器としての性能維持努力を終了させ、素材を原発の燃料用にバラしてしまうこと）をやらないでくれと、米政府に頼んだ節があります。

「せっかく日本国民が、『核トマホークの持ち込み』までなら黙認する段階まで進化を遂げたというのに……」といいたかったのでしょう。

米中「大陸間弾道ミサイル」密約

いかに迂闊《うかつ》な観察者でも、一九八〇年代にハッキリと推定できるようになったのが、

「米支間には『ＩＣＢＭの数量競争をしない』という密約が存在する」という事実でしょう。

中共が、技術のうえでも国家予算のうえでも不自由がなくなっているのに、明らかに意図的に、米国を直接に核攻撃できるＩＣＢＭ（大陸間弾道弾）の充実を自粛し続けている不自然さが目立つようになりました。

中共は早くも一九七〇年四月に同国初の人工衛星を打ち上げ、「潜在的なＩＣＢＭ運用能力」を世界に誇示しています。水爆実験はもう一九六七年六月に済ませていました。

過去、ソ連が実行してきたようなＩＣＢＭ軍備拡充のペースを中共も踏襲《とうしゅう》するなら、中共は一九七五年には米国まで届くＩＣＢＭを数十基は持っていてよいはずでした。

ソ連は一九五七年八月、世界初のＩＣＢＭ「ＳＳ６」の試射に成功して、一〇月には同じロケットを使って世界初の人工衛星スプートニクを軌道周回させました。それから五年後には、米国まで届く量産型のＩＣＢＭを五〇基、そろえています。

ところが生前の毛沢東は、確実に量産ができたはずの「対米攻撃用ＩＣＢＭ」の開発を、異常に遅らせています。それは「東風５」（ＣＳＳ４）といったのですが、初めて配備されたのがやっと一九八一年。つまり米支間の正式国交樹立から二年後で、しかも、なんとそれから一〇年間、硬化地下サイロへの展開数は、たったの二基にとどめられていました。

わずか二基のＩＣＢＭでは、まさに「名目的」な対米戦略核軍備に過ぎません。実戦では何の役にも立たないでしょう。

中共は米国とのあいだで、「両国は将来もＩＣＢＭ戦争をしない。ＩＣＢＭの軍拡競争をしない」という密約を結んでいたのでしょう。そう考える以外に、この政策の軍事合理的な説明はつきません。

「日本から核の傘を剝ぎ取る」

ではいったい、その密約はいつ、なされたのでしょう？

また、その密約の見返りとは何だったのでしょう？

米国と中共には、それぞれ、どんなメリットがあったのでしょうか？

一九六九～七〇年にかけて、ニクソン大統領と毛沢東のあいだに、以下のような包括的な合意があったのだと疑えば、以上の謎や、今日までのいろいろな「怪現象」も、矛盾《むじゅん》なく説明されるように思われます。

毛沢東は、一九五〇年代～六〇年代にかけて隣の日本がハイペースで経済成長しているのを見て恐れおののいたはずです。日本の防衛予算が、政府の税収に比例して自然増を続けただけでも、おそらくは中共軍の国際的ステイタスは半永久に、新生日本軍（自衛隊）のはるか下流にとどめられることになってしまうと思えたことでしょう。

その圧倒的な軍事力格差に増長した日本の軽忽《けいこつ》な政治家が、またシナ人全体を見下した不用意な発言をするかもしれません。儒教圏人としては、とても我慢がならないことでした。

そこで毛沢東は一九六九年からニクソンにこう持ちかけたのでしょう。

――「米国は、東アジア地域において中共だけが軍事的に卓越した地位を有することを将来にわたり認めよ。日本を軍事大国化させてはならない。日本の防衛組織は隅々まで米国が監視し管理せよ。日本が再び中共を攻撃できないようにする保証として、米国が責任を持って、日本には永久に核武装はさせないと、面前で約束せよ。また、これから中距離弾道ミサイル『東風3』を配備して中共が東京に核の照準を合わせておく措置について、いっさい抗議や反対をするな。そうすれば、中共は、反ソ戦略に関して米国の非公式な同盟者になってやってもよい」

長期のベトナム戦争がうまくいかずに苦しんでいた米国のニクソン政権としては、中共を反ソ同盟者にできることのメリットは絶大でしたので、毛沢東のこの提案を「渡りに船」とばかりに呑んだのです。ただし、ニクソンとキッシンジャーは抜け目なく、米国側からも見返りの要求をつきつけました。

——「中共はソ連の真似をしてICBMで米国と競おうとはするな。両国は互いにICBMでは相手本土を攻撃しないことを、口頭で、非公式にここで誓おう。中共は威信の発揚《はつ》《よう》や宣伝のために、対米攻撃可能なICBMを作ってもいい。が、決して名目的な数量以上は展開をするな。その代わり米国は横田基地から核攻撃用の飛行隊を撤収させて、これまで東京に差しかけてきた『核の傘』は剥《は》ぎ取る。日本を将来の中共の脅威にさせることもしないと約束しよう」

これで、一九七一年に東京は、中共からの水爆攻撃に対して無防備にされてしまったのでしょう。

当時、東京湾の横須賀軍港にときどき立ち寄る原潜その他の米軍艦は、戦術核兵器を内蔵していましたが、そうした軍艦は国際緊張時にはいちはやく出港して遠い洋上に行方《ゆくえ》をくらまし（さもないと港のなかで敵国からの核攻撃を喰らってしまう）、自艦の現在位置を同盟国にも教えません。

したがって米海軍の核武装艦が、中共が日本本土の大都市を核攻撃したときにその核爆発に巻き込まれる確率はほとんどなく、ゆえに「戦争のセンス」のある者から見れば、そんなものは「核の傘」たり得ません。

こうして佐藤内閣は、ニクソンとキッシンジャーから、対支の取引材料にされてしまったのでしょう。

「密約」で戦略ミサイル原潜は

二〇一六年現在、中共は二〇基を超えるＩＣＢＭを展開していますが、その過半はロシア向けで、対米用は相変わらず一二基（これは旧共産圏の戦略ロケット発射部隊の基本定数）か、それ以下です。

一九九〇年代なかば以降の中共の工業力をちょっと動員すれば、地下サイロ配置式や鉄道機動式の対米用ＩＣＢＭを一〇〇基単位で増強していくことなど、わけもないはずです。しかし、彼らはそうしていません。

他方で、とうてい米本土までは射程が届きそうにもないＳＬＢＭ（潜水艦発射式弾道ミサイル）の開発には、中共政府は多額の予算を割り当てています。

外野からは、これはとても不思議に見えますけれども、米支間に一九六九年から「密約」が存在すると推定すれば、筋が通る話です。

中共では、「密約」について知っているのは歴代の国家最高権力者（現在は習近平）だけで、ナンバー2以下は誰も承知していないのです。中共軍の制服トップの参謀総長といえども、毛沢東時代の対米密約のことなど知らないのでしょう。

だとすれば、プロ軍人たちは、対米核軍備の国力不相応な規模について不満を募らせるのが当然です。そこで、軍人たちにはよいガス抜きとなるような、できるだけ達成至難な努力目標を与えておくことが、中共中央としては安全なのでしょう。

それが、ＳＬＢＭとそれを搭載させる戦略ミサイル原潜の、一九九〇年代以降の整備努力なのでしょう。

弾道ミサイル防衛のいかがわしさ

米国のほうでも、密約をよく守っています。二〇〇六年一〇月に北朝鮮が最初の核実験をしたと分かったとき、日本国内では、核武装論が広まりそうでした。

この議論が深まれば、「北朝鮮が核武装しなくても、すでに長らく東京は、中共からの中距離核ミサイル（射程三〇〇〇～五五〇〇キロ飛ぶ弾道弾のことで、「東風3」がこれに該当する）によって、いつでも完全に破壊され得る状態に放置されていたではないか。中共からの核攻撃を抑止するような米軍の核の傘は存在していないではないか」——と、日本人が「戦争のセンス」に覚醒《かくせい》してしまうかもしれませんでした。

そこで、米国は大慌てで日本に「ＢＭＤ」（弾道ミサイル防衛）の押し売りを始めました。気脈を通じた日本政府（外務省）も、存在すらしない「北朝鮮の核ミサイル」だけが日本の深刻な脅威《きょうい》であるかのような国内宣伝に努めます。

海上自衛隊のイージス艦や、航空自衛隊（空自）のペトリオット発射機から発射する特殊な「弾道弾迎撃ミサイル」は、どちらも、最大射距離が三〇〇〇キロ未満の「準中距離～短距離」の弾道ミサイルを捕捉することができるだけで、旧満州や内モンゴルあたりの

航空自衛隊が運用する地対空誘導弾「ペトリオット」

内陸部からはるばる飛んでくるような「中距離弾道ミサイル」——すなわち最大射距離が三〇〇〇〜五五〇〇キロあるもの——は、中間点以降の飛翔《ひしょう》速度（落下速度）が大であるため、ジャストミートすることがほぼ不可能なのです。

弾道ミサイルは、その軌道の絶頂部分（ちょうど中間点）において、スピードが最低に落ちます。その瞬間を狙うならば、わが迎撃ミサイルを「ヘッドオン」（正面衝突）によって精確に敵飛翔体にぶつけられるチャンスがあるかもしれないのですが、そのためには、イージス艦も敵ミサイルの飛翔コースの中間点の真下付近に位置している必要があります。

ところが、シナ内陸部から弾道弾を発射されてしまうと、イージス艦は朝鮮半島などの陸地に阻《はば》まれますので、その最適の「射点」に占位することができません。

唯一、朝鮮半島北部から飛来する飛翔速度の小さな短距離弾道ミサイルに対しては、BMDは、理論上、対処ができます。そこであたかも、これらBMDがあれば日本列島は近隣国の核ミサイル攻撃から安泰《あんたい》であるかのようなイリュージョンが、外務省の主導で創出されたのです。「拡大抑止」などという曖昧《あいまい》で詐欺《さぎ》的な造語が、BMDと結び付けられました。

いくら米支が政治的・軍事的に対立しようとも、「毛＝ニクソン密約」だけは、いまも生き続けています。それを米国務省が維持しようとするのは一理あるとして、日本外務省が「国民に対する公的な嘘」によって米国務省をサポートする姿勢は、近代主義からの逸《いっ》脱《だつ》ではないでしょうか。

そもそも佐藤栄作がニクソンから気軽に踏み台にされてしまったのはなぜなのかを、考えてみるべきでしょう。

弾道ミサイルは撃ち落とせない

「弾道ミサイル」対「ＢＭＤ」の勝負は、どうしても弾道ミサイルの側に利があります。米国は、ロシアや中共から飛んでくるかもしれないＩＣＢＭ（大陸間弾道弾）を迎撃するためのＡＢＭ（対弾道弾迎撃ミサイル）を、本土にもアラスカにも、また海上にも、展開してはいません。そんなことは技術的に不可能であると理解されているからです（北朝鮮やイランが発射するかもしれない弾道弾に限定的に備えるＧＭＤというシステムはありますが、迎撃実験の成績は不良です）。

もしＩＣＢＭ迎撃が技術的にある程度有望であるならば、約三億二五〇〇万人の米国市民の生命を守るために、予算には糸目をつけず、ＢＭＤをフル展開するのが行政府の責任でしょう。当然、連邦議会もそれをプッシュするに違いない。しかし技術の現実はシビアなのです。

中共がシナ大陸の奥から東京に向けて発射できる「中距離弾道ミサイル」は、ＩＣＢＭに準ずる飛翔速度を持っています。しかもそのクラスになると、デコイ・バルーンという、わざとレーダーに反射しやすく加工した囮《おとり》を宇宙空間で複数放出することができる。このデコイと真弾頭をＢＭＤ側のセンサーで見分けることは、米国が有する最強の「ＳＢＸ」という洋上移動式Ｘバンド・レーダー・サイトをもってしても不可能であるこ

モスクワ「赤の広場」の「イスカンデル」

とが、これまでのたびかさなる実験で明らかになっています。

さらにロシア製の「イスカンデル」(SS26、または9M723K1)というミサイルになりますと、射程五〇〇～七〇〇キロくらいの短距離弾道ミサイル(核兵器関連条約の世界では射程一〇〇〇キロ以下は「短距離」と分類します)であるにもかかわらず、BMDでは迎撃ができません。

それどころか、米軍が東欧に配備したBMDシステムを、開戦時の奇襲打撃で破壊することを狙っているのが「イスカンデル」なのです。

弾道弾ながらも宇宙空間に高々とは飛び出さずに、できるだけ低く、大気圏の上層部を飛翔することで、米軍のBMDによる迎撃をかわし、逆に、地上のBMDシステムを破壊できる、とロシア軍は考えています。

疑いなく、中共軍も、この「イスカンデル」と類似した技法で、周辺国のミサイル防衛システムを無効化してやろうと考えているところでしょう。

いまから数十年後になれば、レーザー砲のような「エネルギー指向兵器」の分野で技術的なブレイクスルーがあり、たとえば地対空レーザー砲によって、飛来する核弾頭をすべて迎撃できるような時代が到来するかもしれません。しかし未来の兵器は、現在の日本国民の生命を守ってはくれません。私たちは現在の心配をし、現在の危険をすみやかに除去するように努めるべきでしょう。

日本が中共の核脅威から逃れる術

毎日毎晩、反日ドラマが多数のTVチャンネルで放映され続けている中共が、一九七一年から水爆ミサイルでずっと東京に照準を合わせ続けているという現実は、日本人の私たちとしては、迷惑な話です。

この近隣の厄介《やっかい》な核脅威が消えてなくなってくれる日は、いつか来るのでしょうか？

儒教圏文化に、「対等の他者」を受け入れる余地がそもそもない以上、彼らが日本国民や欧米先進国民を妬《ねた》み憎む情動がきれいさっぱりなくなることは、将来もあり得ないでしょう。

こうした反近代文化を近代陣営の側から「リスペクト（表敬）」しても友好関係の永続にはつながらず、なぜか逆に彼らは近代陣営に対する「ヘイト（憎悪）」を本音の部分で蓄積させるばかりである……というパターンが看取されることについては、内外で当事者になったことのある人たちなら覚えがあるのではありませんか？

そうなりますと残る手段は、実際に中共軍の核ミサイルを除去することしかありません。

そんなことができるでしょうか？

実は、中共体制が崩壊してシナ大陸の各地方に「軍閥」政権が乱立し、天下大乱の様相を呈したような場合には、放射能の専門知識を持った米軍の特殊部隊が「核弾頭差し押さえ」のため、シナ奥地にまで介入することになっています。この研究は、ソ連・東欧が崩壊するよりも前から始められており、いまでも非公開ながら、米政府内で営々として準備が進められているのです。

他国領内に特殊部隊を送り込んで、他国軍の核弾頭を、有無をいわさず押収してしまうとは、なんとも穏やかではありません。けれども、非民主的な、あるいは不安定な政府の溜め込んでいる核弾頭や核物質が、わけの分からない武装集団や第三国政府の手に落ちてしまうという「無統制核拡散」の事態だけは、米政府は何としてでも阻止する決意なのです。

なぜなら、まわりまわってその核爆弾は、ニューヨーク市内で爆発することになるからです。

米国が最も恐れる脅威は、ロシアのＩＣＢＭなどではなくて、こうした既存核武装国の政体倒壊の結果としての「核テロ」だということは、承知しておきましょう。

このような準備と決意が米政府にはあるとするなら、日本政府は、ことさら中共の核ミサイルを、わざわざ敵国人の余計な恨《うら》みを買う流儀で直接手を下して破壊する必要はないのだということも分かるでしょう。私たちは、中共体制がシナ人民の総意によってさっさと崩壊するように、間接的に手を貸せばよいだけです。

中共体制が転覆《てんぷく》しさえすれば、いやでも米軍が乗り出して、シナ大陸を「核非武装化」する作戦にかかり、それ以後、日本は、中共の核からは安全になるのです。

貨物船に隠した核が炸裂

米国とロシアは、それぞれの弾道ミサイルによって、中共軍の核ミサイルを物理的に破壊できる能力を有しています。

しかし、自国の核攻撃によって敵国の核ミサイルをほとんど破壊できたとしても、その敵国の「政治的な性格」が変わらなかったら、またぞろ敵国は核軍備を再建し、何十年後かには、元《もと》の木阿弥《もくあみ》かもしれません。

また、弾道ミサイルや巡航ミサイルが仮に全部破壊されることがあったとしても、それは核兵器の運搬手段がゼロになってしまうことを意味しません。

激しい戦争が一段落ついたあと、密かに非軍用航空機に搭載し、近隣国を奇襲的に「核爆撃」することだってできるでしょう。貨物船に隠して横浜港や神戸港で炸裂《さくれつ》させる方法もあるのです。

そうした、あとあとのことまでよく考えれば、まずシナ大陸に民主主義革命を促すことによって中共体制をシナ人自身の手で崩壊させ、分散貯蔵されている核兵器素材を米軍が着実に回収できるようにしてやる。こうして「シナ大陸の非核化」を確かなものにすることのほうが、日本人にとって、安全、安価、有利です。

日本が「黒幕」の外には出ないように気をつけているならば、短期的には中共軍の核兵器が日本の大都市に向かって飛んでくる危険を回避でき、長期的には日本周辺の非核地域が拡大します。

なお、本書では北朝鮮のことは論じません。が、中共体制が内側から倒壊するようなことになれば、北朝鮮体制も五秒とは持ちません。「北朝鮮問題」とは、結局「中共問題」だったのです。

もちろん、朝鮮半島にある核兵器素材を動乱時に米軍特殊部隊がいつでも挺進《ていしん》作戦によって回収する準備をしていることも、秘密ではありません。

第四章　ローテク武器が中共を制す

儒教国家の対日「ヘイト」は続く

儒教圏人は、人と人、国家と国家のあいだには、必ず「上下の序列」がなくてはならないと考える一方で、「自分と似ているように見える他者が得ている能力や収入は、自分にもあるのが当然なのだ」と、不思議にも思い込むように見えます。

そしてそれを得られない自分や社会の仕組みについての省察《せいさつ》はあまり深めずに、自分と似ているように見えるのに自分よりも成功している他者を嫉妬《しっと》する気持ちを隠しません。

「嫉妬は見苦しい」という価値観は、伝統的に、ないようなのです。

この「似た者嫉妬」のとばっちりをいちばん受けているのが、近代以降の日本人と日本国でしょう。

中共が政治宣伝のうえで執拗に日本を攻撃し、また尖閣諸島への侵略行動を停止しようともしないのは、単純に、日本が「近代化」に早々と成功したことが妬《ねた》ましくてたまらないからです。

「戦争に負けた恨《うら》み」は、終戦後、何世代かすると、消えるものです。シナ古典の『孫《そん》子《し》』「火攻篇」に、〈ひとたびは激しい怒りの感情を抱いても、いつかは喜びの感情が戻ってくる〉と概括されている通りです。しかし、庶民大衆の嫉妬の感情が消えることなどないでしょう。

自分たちが相手よりも名実ともに「上」とならぬ限り、儒教圏人の嫉妬は継続します。だからこそ、第二次世界大戦終了後、七〇年経とうと八〇年経とうと、「対日ヘイト」だけは、まったく減殺《げんさい》されないわけです。

それではいったい、アジアにおける近代化の先行ランナーである日本を、中共が、科学やハイテク軍備や娯楽コンテンツや福祉行政で、追い越す日は来るのでしょうか？

大方の予想するところ、そのゴールは遥か遠くに霞《かす》んでいるようです。

ということは、中共政府による反日宣伝や、尖閣近海での反日戦略も、決して終わることはないのだと覚悟する必要があります。独裁政権は、人民大衆の対日嫉妬心をかきたてておけば、反政府言論のガス抜きができる。自分たちの権力がそれで安泰なのですから、やめられるわけがないでしょう。

わが国を嫉妬している隣国が、軍事的にとるに足らない国であったならば、それ自体は遺憾ですけれども、放置するしかない話です。しかし、核ミサイルをいつでも東京に向けて発射することのできる中共が、人民の対日嫉妬を断末魔の政策として煽《あお》り立てている政治構造は、日本人民の身体・生命・財産・自由にとって、甚《はなは》だ危険だと評価せざるを得ません。

これほどの深刻な危険への備えとして、しかし「ミサイル防衛」は当分ほとんど役にも立たないことを、前章で私たちは理解をしたところです。

——でもご安心ください。中共という専制政体には、短期間に克服不可能な、いくつもの弱点があるからです。それを知って、巧みにゆさぶりをかけることで、すでに時代に取り残されている政体は、内部からの民主主義革命（専制政体の転覆）に直面することになるでしょう。

遠浅の海が苦しめる中共

シナ大陸の沿岸は、大河が何本も海に注ぎ、内陸の土砂を休みなく大陸棚の上へ吐き出し続けているため、見渡すかぎりの「遠浅」になっています。

おかげで、マラッカ海峡からやってくるマンモスタンカーや、豪州から北上してくる重量級の鉱石運搬船などが、直接に接岸して荷役できるような「良港」は、シナ沿岸には例外的にしか存在しません。

二〇一六年に開通した「新パナマ運河」の許容吃水《きっすい》は一五・二メートルで、一〇万トンの優秀コンテナ船や、米海軍の正規空母でも吃水はそれ未満となるよう設計がされていま す。ただ、浚渫《しゅんせつ》工事をしなくとも干潮時にも一五メートル以上の水深が確保できているような理想的な港湾岸壁というのは、周辺の海の深い日本にもそうたくさんはないもので、ましてシナ大陸沿岸では稀《まれ》です。

しかるに、載貨重量が二〇万トン以上の大型タンカー（マラッカ海峡を通航できる最大サイズは三二万トンまで）の満載時の吃水は二一メートルにもなります。いくら輸送効率がよいとはいっても、低潮時や海面変動のことを考えたなら、大型タンカーの遠浅港湾の利用は、平時からもう綱渡りに近いことがお分かりでしょう。

巨体の割にエンジンが非力で舵《かじ》の効きが悪い（そのため動線が限定される）、しかも湾口の海底と船底とのクリアランスが狭い大型タンカーは、有事に浅海面（この場合は深度三〇メートル未満）に敷設される「沈底式複合感応機雷」には、極めて脆弱《ぜいじゃく》です。中共の少数の重要港湾は、安価でしかも探知も掃海も困難なこの沈底式機雷によって、タンカーによるアクセスを即座に不可能にされてしまうのです。

もちろん、タンカーやバラ積み船やコンテナ船のような大型商船だけではなく、小型の貨物船や、大小の軍艦（潜水艦）、漁船（船体がガラス繊維強化プラスチック製でもエンジンが鋼鉄製ならば磁気センサーが感応する）も、機雷は区別をしません。

中共当局が頻繁な浚渫によってかろうじて細い水路を平時に維持している数ヵ所の重要港には、複合化学プラントがあります。そこで原油から精製された重油、軽油、灯油、ガソリンなどの石油製品は、小型で吃水の浅い内航タンカーに小分けされて、沿岸の浅い海面や、揚子江《ようすこう》のような幹線水路を往復し、需要者まで送り届けられています。人民解放軍もまた、大口の需要者です。

沈底式機雷が撒かれると中共は

中共は他方で、ロシアや中央アジア諸国やパキスタンやビルマから、陸上のパイプラインや鉄道を通じても、原油や天然ガスを受け取っています。しかし、重量ベースで見れば、国際貨物の九割は、運賃が安価な船舶が海上ルートを運んでくるものです。中共ほどの大需要国になれば、パイプラインだけで石油を搬入するのは無理です。

コストを度外視すれば話は変わるでしょう。しかし中共政府は伝統的に、国内石油市場の末端小売価格を抑える政策を堅持してきました。もしもパイプラインによる輸入だけを国営石油企業に強《し》いた場合、巨額の差額コストは、政府が企業に補助しなければなりません。とうてい、それは不可能です。

　さりとて、差額コストを石油製品の売価に転嫁《てんか》すれば、中共国内は大インフレとなり、しかも中共から輸出される商品が価格競争力をなくして顧客を失い、ダブルパンチで自滅が早まるだけでしょう。

　というわけで、中共にとっての「アキレスの踵《かかと》」は、沿岸の大陸棚に機雷を撒《ま》かれることなのです。

　スプラトリー海域や中共の大陸棚に、果てしなく広がっている水深三〇メートル未満の浅い海面には、機雷のなかでも最も仕掛けるのが簡単で、掃海するのは逆に難しい「沈底式機雷」を、誰でも、いとも簡単に仕掛けることができます。

　夜中に小船から海面へ投げ落とすだけでもいい——。

　マレーシア、フィリピン、ベトナム、ブルネイ、インドネシア等が保有する小規模な海軍であろうと、沈底式機雷をシナ沿岸に撒布《さんぷ》するのに、特段の訓練などは必要としません。高額な専用装備も必要がないのです。

　沈底式機雷の起爆センサーには「回数装置」やタイマーが付いていて、まず十数隻を無反応でやりすごしたあとに、通りかかった次の一隻をいきなり沈めてしまう、という仕様になっています。だから、ある海面を非常な長期間、危険水域に変えてしまえるのです。

また沈底式機雷は、パラシュート付きの構造にするだけで、大小の低速の飛行機から海中へ撒布することが可能です。したがって「追加投入」が容易ですので、戦争が終わってしまうまで、まず掃海は完了しません。

沈底式機雷を掃海する方法は、本物の艦船と似た磁気や音響を発生する掃海具を縦横に何十回も走らせたり（ただし中共海軍にはこの最新式装備はありません）、スクラップ寸前の大きなボロ船を何十回も精密に同一航路で走らせて爆発させてしまうか（一隻で一個だけ処理できます）、泥に埋もれている機雷の一個一個をダイバーが目視で確認して爆薬を貼りつけて誘爆させるといった、おそろしく手間がかかるものしかありません。

だから「撒かれた」という情報が伝われば、「掃海された」という沿岸国からのアナウンスがあっても、それを信じてその海面に入っていこうとする無謀な外国商船などは存在しないのです。

マラッカ海峡から黄海に至るまでのシナ沿岸に沈底式機雷が敷設され始めたという情報が、ひとたび世界の船会社に伝わったなら、もう、自分の持ち船である原油タンカーをシナ沿岸まで近寄らせるような酔狂《すいきょう》な船主はいなくなるでしょう。およそ商船は、常に稼動させ続けることで初めて儲けが生じてくるのに、わざわざ機雷で船体を大破《たいは》させてしまうリスクを冒《おか》す資本家など、ありえません。

掃海能力は皆無の中共

戦時国際法により、交戦国は機雷を敷設したときは公表をする義務があります（守らない国がほとんどですが……）。機雷が投入され始めた戦争海域には、普通の船舶保険は適用されなくなります。

よほど高額な保険料を支払えばカバーされる場合もあるでしょう。が、船体と積み荷の実害以外の「稼げるはずだった数ヵ月分の逸失利益《いっしつりえき》」までも補塡《ほてん》してくれるような親切な海上保険は、ありますまい。

それどころか、もし大量の原油を海に流出させてしまった場合、船主は、あとでその汚染の処理費用と船体サルベージ費用を請求されたり、沿岸国から罰金や賠償金を課せられたりする可能性すらあります。

もちろん、どの国の「船員組合」も、そんな航路への乗務は拒絶するでしょう。

パキスタンのカラチに入港した海上自衛隊の掃海母艦「うらが」

中共の国営企業がオーナーであり、かつまた荷主でもあるという、パーセンテージではごくわずかな数のタンカーだけが、シナ人船員を無理に乗り組ませて、危険海域を強行突破しようと図るかもしれません。しかし、大陸棚のどこに仕掛けられているか分からない無数の沈底式機雷をかわし続けることはできません。

中共海軍には、機雷の位置を探知する装備はありません。不思議にも、これまで「掃海」分野には、まるで投資はしてこなかったからです。それは、世界一といわれる海上自衛隊の掃海能力とは対照的です。

吃水が深い満載タンカーは、沈底式機雷がそれだけ間近で爆発しますから、大きな穴を船腹に開けられてしまいます。油槽隔壁と二重外殻《がいかく》のおかげで沈没を免れ、最寄りの漁港に座礁を覚悟で遁入《とんにゅう》できても、戦争が終わるまで、ドライドックでの修繕はできないでしょう。

大型原油タンカーが中共の主要港に近寄れなくなったら、小型の石油製品タンカーだって運ぶ商品がなくなりますし、そもそも沿岸や揚子江の往来も、どこに撒かれているか分からない機雷のために不可能です。この結果、中共軍は、陸海空ともに、ほぼ一瞬で身動きが取れなくなるでしょう。

内陸部の軍幹部が止める石油

軍隊にも各種燃料のストックはあるものです。が、軍隊はその日暮らしに動けばいい機関ではありません。数ヵ月後に燃料がなくなることが予測されたなら、作戦も訓練も、いますぐに自粛するしかないのです。

さもないと数ヵ月後には、中共と長い国境を接しているロシアやインド、あるいはベトナム、ミャンマー、中央アジアのイスラム圏国家が、それぞれの思惑で国境領土や国境住民（チベット人やウイグル人等）へ浸透工作を仕掛けてくるのに対処ができなくなってしまうと予見されるためです。

市場も敏感に反応します。中東やアフリカ、南米（ベネズエラなど）からの原油タンカーがやってこないという情報が中共内部に広がると、陸海空諸部隊の各基地、各地の警察機関、全国の大工場、地方都市の不動産開発会社（幹部はもちろん中共党員）から、零細運送会社、漁民も農家も、一斉《いっせい》に自分のための液体燃料確保に走るでしょう。そうしてかき集めた燃料は、市場の外に隠匿《いんとく》され続けるでしょう。

液体燃料を押さえているかどうかは、多くの経済主体にとって死活問題ですから、誰もめったなことでは譲渡はしたがりません。公共空間から、重油、軽油、ガソリン、灯油、ジェット燃料が消えてしまうのです。

西部奥地の原油・石油パイプラインの経路に所在する軍の有力幹部は、液体燃料を東部沿岸部まで送ることに積極的に協力はしなくなるでしょう。なぜなら物不足が極限に達し、紙幣の信用が低落する戦時および戦後には、石油という必需戦略物資を「現物」で実際に握ってしまっている者こそが、軍隊内部でも、地方の党内でも、大きな発言権を行使できるものだと知っているからです。

利に聡《さと》い彼らは「敗戦後」の混乱期に自分が実力者としてのし上がれる大チャンスが来ることを、緒戦の段階からすばやく計算できるのです。

発電所が必要とする豪州産の安価な石炭も、製鉄所が必要とする豪州産の鉄鉱石も、シナ人民が必要とする小麦や大豆の輸入も、都市部の工場で最終組み立てをするための部材（半製品）の輸入も、西側製の高性能工作機械も、造船所で必要としているドイツ製や日本製の船舶用ディーゼルエンジンも、輸入は即時にストップします。

もちろんのことに、メイドインチャイナの商品を海外へ輸出するためのコンテナ船のシナ沿岸立ち寄りも、長く途絶えてしまうでしょう。

中共の「地政学的な弱み」とは

航空戦や、水上艦同士の海戦は、いつまでも延々と続くことはありません。双方が兵力を引いて停戦が実現すると、大多数の国民の生活も、戦闘が始まる前のノーマルな状態に、急速に戻っていくでしょう。

ところがシナ沿岸での「機雷戦」だけは、そうはなりません。

南シナ海から東シナ海にかけての機雷戦は、海域に接しているどの一国または数ヵ国が中共の対手《たいしゅ》となった場合でも、それがスタートした瞬間に、「中共体制の崩壊」が確定してしまうのです。

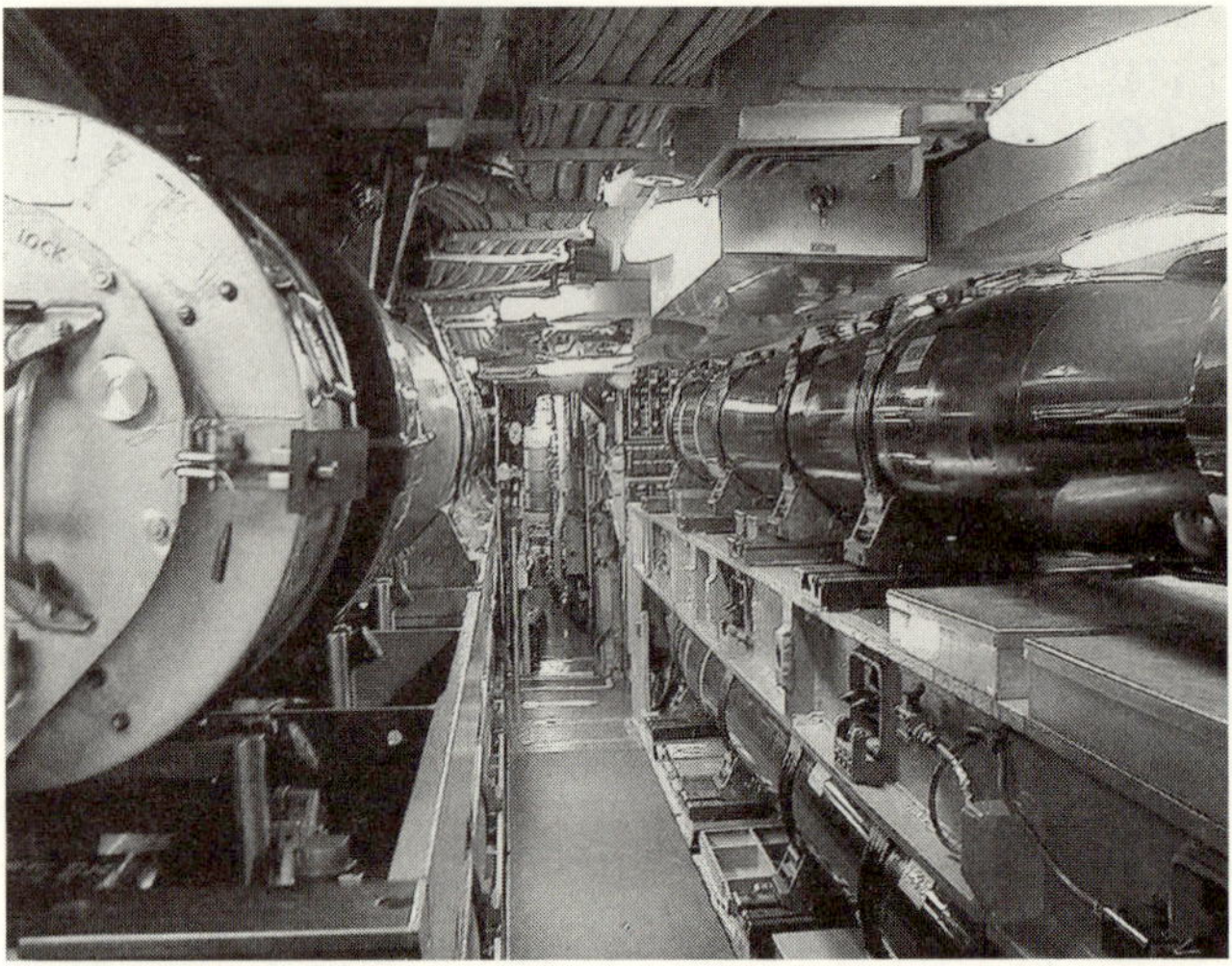

原子力潜水艦「パサデナ」の魚雷発射管室に格納された「MK48」

軍隊の強さでは下から数えたほうが早そうなブルネイやフィリピンですら、「機雷戦」に持ち込みさえすれば、中共を亡ぼしてしまうことができます。しかも、「開戦」即「勝利」なのです。

どうしてそうなるか？

沈底式機雷は、海戦用の兵器のなかでは最も安価なものの一つで、一個二〇〇〇ドル（二二万円）くらいから製造（または航空用爆弾などから改造）されています。これに対して、たとえば米海軍の「MK48」という魚雷だと、一本で四〇〇万ドル（四億二〇〇〇万円）もします。ホーミング魚雷一本の値段で、沈底式機雷ならば二〇〇〇個も調達できるわけです。

しかも沈底式機雷は、それを撒布する船艇や航空機等を選びません。市販されているレジャー用の潜航艇によってでも、こっそりと運搬して敵国沿岸に敷設してくることができ、事実上、そのための専門の訓練なども必要ありません。ですから、いくら国家予算に余裕がない途上国であっても、沈底式機雷だけは、随意に大量調達と大量使用が可能です。

そして、いったん撒布された沈底式機雷は、起爆するか掃海されるかしない限り、半永久的に敷設海域に残ってしまう。この影響が、中共にとってのみ、深刻なのです。中共には、他国にはない「地政学的な弱み」があるためです。

どんな弱小国でも中共に勝てる

一九〇七年の第八ハーグ条約、別名「自動触発海底水雷（＝機雷）の敷設に関する条約」は、戦争や国防のためといえども、「海路の自由の原則」の侵害は最小限に抑制される国際秩序を目指そうという理念から作られたもので、各国が仕掛ける機雷には、「一定の時間が経過したら無害となる装置」を組み込んでおくべきことや、敷設した国は戦後にその機雷の引き上げに全力を尽くさなければならぬことなどが、多国間で取り決められました。

当時は、発明されて間もない繋維《けいい》式機雷（海底のアンカーとチェーンによって浮力ある缶体が海面下ギリギリに繋留され、その缶体に水上艦船の船体が衝突すると爆発する機雷）の実用性が日露戦争で初めて立証された直後で、まだ沈底式複合感応機雷やロケット上昇機雷、自走機雷などの洗練されたタイプは登場してはいません。それでもこの一九〇七年の条約が、今日でも遵守《じゅんしゅ》されるべき国際法だとみなされています。

にもかかわらず、中共海軍だけは、この条約を守る気がサラサラありません。実は彼らは、これまで「掃海」だけでなく「対潜作戦」にもロクな投資をしてこなかったので、米海軍を筆頭とした外国軍の音の静かな潜水艦（レジャー用の潜水艦も電池モーター式なのでとても静かです）が中共の主要港湾に接近するのを拒止する方法としては、機雷の大量投入以外にないのです。

特に米海軍の潜水艦が随意にシナ沿岸で暗躍するのを防ぐべく、有事には大量の漁船を動員し、黄海と台湾海峡を中心に、沿岸のあちこち、数千、数万個の単位で、簡易型の沈底式機雷を投入することに決めています。こういうのを「防禦《ぼうぎょ》的機雷戦」と呼びますが、さすがに素人《しろうと》の漁民にまで機雷を敷設させることにして、その訓練までも施《ほどこ》しているのは、世界広しといえども中共海軍だけでしょう。

ここで「簡易型」といいますのは、航空機から投下するありふれた爆弾に、音響信管や磁気信管だけを後付けして、とりあえず沈底式機雷の機能を持たせた改造機雷のことで、値段が安いので、戦時には無数に整備できるものです。

しかし当然ながら、このような乱雑な敷設方法では、どこにいくつの機雷を敷設したかなどの正確な記録は、残されるはずもありません。

西側先進国海軍は、敷設した機雷の精密な座標を一個ごとに記録しますので、戦後に残ったものをすべて引き上げることができます。しかし中共軍は、撒いた機雷は、すべてそのまま放置する方針のようです。

中共軍と「機雷戦」を開始した国が、有人潜水艦や無人潜航ロボット等を使って中共海軍の軍港付近に機雷を敷設するという「攻撃的機雷戦」の作戦方針を意図的にリークすれば、中共海軍は、やってくる潜水艦を阻止するために、「防禦的機雷戦」を発動するしかありません。

その結果、こちらが潜水艦で敵の軍港前に機雷を撒いてやれば、向こうも自国沿岸に機雷を敷設することになる。レバレッジ（梃子《てこ》の作用）が働き、中共は急速に、自分たちで自分たちの海岸をブロケイド（物理的封鎖）してしまうでしょう。

もちろん中共製の機雷には、「一定時間が過ぎると自動的に無力化する」といったコストのかかる面倒な仕組みも備わってはいないでしょう。戦後までもずっと、南シナ海、東シナ海、そして黄海は、自分たちで撒いた無数の機雷によって、誰も通航のできない海面になってしまうわけです。

もはや原料の輸入もできなければ、製品の輸出も不可能。輸入石油は著しい高値で安定するでしょう。それは未来の工業製品のコストにも反映されざるを得ません。船舶保険の暴騰《ぼうとう》とあいまって、中共から輸出される産物には、国際的な価格競争力はなくなってしまうことでしょう。

瞬時にこのような未来が確定してしまうであろうシナ経済に、さらに投資を続けようとする外国人はいないでしょう。すでにシナ大陸に投資していた外国資本は、「機雷戦が始まった」というニュースで、一斉にシナ大陸から逃げ出すはずです。

――このように、機雷戦には、中共側にとってのみ不利な「不可逆性」があります。

中共が得意とする、他国内で籠絡《ろうらく》済みの人脈を動かしての裏工作や、多彩なチャンネルを駆使しての大宣伝、はたまた核兵器を使った脅《おど》しでさえも、いったん敷設された機雷を元に戻させることだけはできません。

どんな弱小国でも、ひとたび中共と機雷戦を始めてしまったならば、中共に致命的な一撃を与えたことになります。

こうしてシナ大陸の沿岸が機雷だらけになると、中共体制は、核を発射することもできずに、早足で崩壊へ向かいます。それはなぜなのか？　次にご説明しましょう。

歴代王朝の崩壊パターン

いったん国民経済が「高エネルギー消費構造」にステップアップしてしまった国が、ある日から突然に「省エネ」の社会にチェンジできるものではありません。

すでに液体燃料を動力とする兵器や輸送力に頼るようになってしまった軍隊が、突然、液体燃料の供給を絞られた場合、陸海空の各セクションは、死に物狂いで液体燃料を確保しようとします。

しかし大陸棚の機雷のために、もはや海外油田を征服する対外作戦も立てられはしません。となると、シナ大陸内に現在ある燃料を民間から徴発するほかにない。持ち主が素直に供出命令に従わなければ、強奪あるのみです。

もちろん民間は民間で、軍隊に好き勝手に燃料を盗まれないよう、隠匿《いんとく》するなど、あらゆる手立てを講じます。軍と民とは対立関係に入るでしょう。

液体燃料に比較的に恵まれている地域と、不足感がいちじるしい地域とのあいだでも、対立は生ずるでしょう。

経済恐慌と食料不足とエネルギー飢饉《ききん》……そんな天下大乱のなかから頭角を現すのは誰でしょうか?

軍隊や警察などの実力機関を私兵化し、希少な液体燃料のストックやフローをその力によって強引に支配し、さらにその立場を利用して他のライバルたちを次々に服従させる「政治ボス」たちの出番です。二一世紀の「軍閥」は、石油利権を中心に割拠《かっきょ》するでしょう。

ロシアに通じるパイプラインと闇石油を押さえた軍閥は最も強くなり、石油を支配できない中央政府や、海上交通にアクセスできなくなった大都市は、最も弱まるでしょう。ロシア政府は都合のよい軍閥を水面下で応援(操縦)するはずです。

大都市の民衆は、エネルギーを持っているらしい軍閥頭首に、中共政権の「放伐《ほうばつ》」(徳がなく天から見放された皇帝を追い払うこと）を期待するでしょう。

　こうしてまた「革命」が起こります。軍閥頭首とその取り巻きたちはもちろん、「自分たちが次の新王朝の初代幹部になる」という本音を公言することはなく、「人民のために今度こそ真の民主主義を実現する」と宣伝するでしょう。辛亥《しんがい》革命を収拾した袁世凱《えんせいがい》と同じです。

　中共体制が崩壊する大混乱が起きた場合、米国が特殊部隊を送り込み、中共軍のストックしている核弾頭や核物質が闇に流れ出さぬうちに全部押収してしまうオペレーション・プランがあることは、すでに述べた通りです。

　こうして、アジア民衆は、東南アジアの勇敢な小国家群のおかげで、北京の専制支配と、核の暴発の恐怖から解放されるのです。

中共が報復できない理由

　平時に日本からハイテクの各種機雷や小型の有人潜航艇等を「武器援助」されていたマレーシア、ブルネイ、フィリピン、ベトナムは、中共の暴力的な侵略政策から自国領土とEEZ（排他的経済水域）を自衛するため、スプラトリー諸島の一部も含めた領海に機雷を敷設し、そのことを国際的に公表します。

するとこれらの政府を普段から弱小国として見下《みくだ》している中共は腹を立てて、漁船（海上民兵）や公船（海警）や軍艦を繰り出して、当該四ヵ国の主張する領海を侵犯させ、主権を蹂躙《じゅうりん》してやろうと試みるでしょう。

——その結果、中共の艦船は触雷します。

機雷は地雷とは異なって、大型船舶に乗っている人間が沈没前に脱出するチャンスを与えてくれることから、兵器のなかでは比較的に人道的な部類に属しています。

そもそも中共が他国の領海に勝手に入ってこなければ何の危険もないわけで、領海内での「防禦的機雷敷設」は、必要で妥当な防衛力の運用だといえるでしょう。非は中共にあります。

けれども儒教圏特有の上下階級意識に凝《こ》り固《かた》まった中共は、そのままでは引っ込みが付きません。必ずや、公船や軍艦を多数そろえて、また押し寄せます。四ヵ国の側から見れば、ヤクザが因縁《いんねん》をつけて、トラックで襲撃に来るようなものです。

当然、四ヵ国は、水上艦や公船を出して中共艦艇の領海侵入を阻止しようとします。そこで中共艦艇とのあいだで砲火が交えられれば、海上兵力の規模で劣る四ヵ国は「自衛」

のため、「攻撃的機雷戦」を開始することができます。すなわち、シナ大陸にある中共海軍の軍港やそこに通じている航路を機雷によって閉塞《へいそく》し、敵の軍艦が侵略に加われないようにするのです。

このとき、日本がこれまでに「武器援助」していた機雷戦用の各種装備が大いに役立つでしょう。中共海軍にはＡＳＷ（対潜水艦作戦）の能力がほとんどないため、機雷を敷設しようと忍び寄ってくる小型潜航艇や、無人の水中ロボットを阻止するためには、漁船（海上民兵）を動員して大量の簡易沈底式機雷を撒くほかありません。

また中共軍は、有事には商船を徴発して動員することにしています。こうなると、海上民兵が利用しているシナ大陸の漁港や普通の商港も作戦基地機能を担っているとみなされるので、四ヵ国側は攻撃的機雷戦の対象にすることができます。

このようにして中共は自分の首を自分で絞めることになり、専制支配体制は衰滅します。万単位のおびただしい戦死者が出ることもなく、中共王朝は終焉《しゅうえん》を迎えるのです。これほど人道的な「戦争」もないでしょう。

日本が中共本土を空襲したわけでもないのに、中共のほうから東京に水爆ミサイルを発射するわけにもいきますまい。

マレーシアは、中共の出方によっては、マラッカ海峡を機雷と軍艦で封鎖してしまうという「報復カード」も持っています（インドとインドネシアにもこのカードはあります）。

そうなっても中東発・日本向けの原油タンカーは、インド洋から豪州南岸を大きく迂回《うかい》する航路や、スエズ運河からジブラルタル海峡、さらに新パナマ運河を通過してアリューシャン列島沿いに大圏コースを辿《たど》る代替航路によって、日本本土の主要港に向かうことができるのです。

万一、中共海軍が日本列島を機雷で封鎖しようと考えても、日本の周辺はすぐに海が深くなっていますから、仕掛けるのが面倒で、しかも高額な「繋維《けいい》式機雷」を使用しなくてはならないでしょう。

わが海上自衛隊は、繋維式機雷の掃海については、おそらく世界のどの海軍よりも効率的に作業することができます。沈底式機雷の除去についても、一九四五年以来の長い実績を誇っています。

現に第二次世界大戦の末期でも、米軍は、日本列島を機雷でぐるりと囲んでしまうことは物理的に不可能でした。新潟港を除く東日本のほとんどの港湾は、一時的にでさえも、敵の機雷によって閉塞《へいそく》されたことはなかったのです。

東南アジアと台湾のスタンスの差

アジアに平和をもたらすこの大戦略を成就させるためには、マレーシアとフィリピンとベトナムの三ヵ国が、関係するスプラトリーの島嶼全部について、それぞれの領有権主張を調整しておく必要があります。南シナ海の島嶼に関するブルネイの領有主張は慎《つつ》ましく限定されており、マレーシアやインドネシアとの潜在的な争点はわずかですので、まず三ヵ国が結束すれば、それにブルネイが加盟することは容易です。

問題はいくつかあります。大きな障碍《しょうがい》は、そもそもベトナム政府は、特定国（中共）を対象とする外国との公式協商を一切謝絶する、というポリシーを貫いていることです。「軍事同盟」などもってのほかで、ロシアや米国がカムラン湾（岸壁の水深が一四メートルもある良港で、空母の修理ができる）をいくら軍港として貸してくれと頼んでも、すべて断っているのです。

またフィリピンのロドリゴ・ドゥテルテ大統領が国内の麻薬犯罪組織関係者に対して裁判なしの射殺方針で臨んでいる政策について、米国が苦情を唱えてドゥテルテ氏を怒らせているのに反し、中共はそれに全面的に協力したいと申し出て、大統領の歓心《かんしん》を買っているところでもあります。

とりあえず「スプラトリー諸島は中共のものでも台湾のものでもない」という一点で互いに合意をする、ゆるやかな外交スタンスの一致を、マレーシア、フィリピン、ベトナムの関係実務者同士が目立たぬように保持することが、現実的かと思います。それにブルネイを加えた四ヵ国で、実質的な「対支防衛戦線」が生まれるでしょう。

台湾（国民党政府）はこの海域について最初に「全スプラトリーと全南シナ海は伝統的にわれわれのものだ」という歴史捏造《ねつぞう》まじりのトンデモ主張を打ち出し、尖閣海域を含めて、今日の中共の広域支配拡張政策の下地を準備した張本人です。このような国とは、周辺国は「同盟」はできないでしょう。

また経済的にも、いまや台湾は中共とは戦争できないようになっています。

北京と台北の両政府は、儒教圏特有の「公式序列争い」があって表面的には対立し続けていますけれども、馬英九《ばえいきゅう》時代に台湾国民が誰でもシナ本土で商売ができるようにされてからというもの、台湾国民の経済活動は事実上、もはや中共とは絶対に切断することができないレベルにまで融合してしまっています。

台湾の有権者も政府も、中共との戦争など本心では考えていません。

それを象徴するのが、二〇〇九年の国民党政権による徴兵制廃止宣言であり、とっくにできるはずの国産潜水艦の建造を、いまだになんだかんだと他国のせいにして遅らせ続けている「牛歩海軍整備政策」です。

まあ、「本当に戦争にでもなったら、台湾から遠い海外へ逃げてしまえばよい」というのが、フットワークの軽い台湾国民の本音でしょう。そして政府にも、工廠《こうしょう》などの固定資本に投資しても、内戦になれば持って逃げられないから損だ、という、チャイナタウンの零細料理店主に似た思惑《おもわく》があるのかもしれません。

台湾軍がいくら望もうとも、台湾政府と国民は、台湾海峡に機雷を敷設することにも反対するでしょう。大陸との往来ができなくなったら、ビジネスが干上がってしまうのは台湾人のほうなのです。

面白いのは、中共海軍もそこを見抜いていることでしょう。「こっちが機雷を撒けば台湾は終わりだぞ」と、よく宣伝しています。第三者から見たら、台湾海峡が機雷だらけになったら、中共軍は輸送船や揚陸艦で台湾へ押し寄せられなくなってしまうのですから、中共側が困り、台湾側は喜んでよいはずです。

おまけに台湾の東海岸は急に海が深くなっているため、沈底式機雷は効きません（面倒な繋維式機雷を仕掛ける必要がある)。したがって中共軍に確実にできることは、南シナ海から揚子江や黄海へ向かおうとするタンカーや貨物船の八割が通過する台湾海峡に、自分で機雷を敷設することだけなのです。

米軍は、台湾の東海岸からなら、いくらでも台湾への支援が続けられます。にもかかわらず、台湾人としては、そうなっては大迷惑なのでしょう。中共が経済的に没落してしまうと、台湾もまた経済的に立ち行かないようになっているのです。

いまや、東南アジア諸国と日本は、「対支機雷戦」に関して、台湾とは利害が対立すると申せましょう。台湾の地政学的スタンスについては、すぐあとでまた考察します。

弱小国に機雷戦の能力を与えると

近代民主主義や国際法の実践には興味深い傾向があります。

小国や弱国が「逸脱《いつだつ》」を示しても、国際社会からは大目に見られることが多いのです。けれども、大国や強国が近代の原理原則を踏みにじれば、それは強く咎《とが》められずには済みません。

要するに近代的先進国には、国際秩序を守るための責任が、それだけ期待されているからです。たとい戦争になれば勝てるレベルの外国から、意図的な挑発を受けても、西側先進国はすぐに武力で応ずることはできない。できるだけ武器の行使を自重《じちょう》しなければいけません。

儒教圏国を含む反近代主義グループは、この近代的先進国の責任自覚という足枷《あしかせ》を狡猾《こうかつ》に利用して、挑発やグレーゾーン侵略やテロを仕掛けてくるわけです。

また儒教圏人の精神は、近代社会とは異なる価値体系で武装されていますから、国家の大小にかかわらず、国際法違反（すなわち公人として公的に約束を破ること）をいくら厳しい言葉で咎《とが》められようとも、いささかもこたえません。

たまたま国土や人口やＧＤＰが並以上であったとしても、あたかも小国や弱国のように国際法を無視してしまえるのです。一度交わした約束も、すぐになかったことにして、恥じません。

このような反近代主義国家の近隣に位置した近代的先進国は、ぼんやりとしていると、「受け太刀」いっぽうとなるのは必定です。やがて、道場そのものから押し出されてしまうかもしれません。

しかし、中共の相手がもし「小国」だったならばどうでしょうか。

もし、「即時に反撃を加えれば中共が崩壊する」という手段を小国の側が初めから手にできていたら、彼らは主権国家としての自衛の決意を強く持ち、いつでも必要手段を行使するのではないでしょうか？

たとえばフィリピンのロドリゴ・ドゥテルテ大統領は、ダバオ市長だったときから警察に命じ、麻薬犯罪組織のメンバーを裁判抜きで即座に射殺させる思い切った措置を指揮し続けています。しかしこれは、西側先進国ではまず不可能な行政でしょう。

また、インドネシアの海洋水産大臣、スシ・プジアストゥティは、同国のEEZ内で違法操業していたところを拿捕《だほ》した中共の漁船を集めては、海上で爆破するというパフォーマンスを繰り返しています。これをもし日本の農林水産省が模倣したら大騒ぎになることは必定でしょう。

「国際法フリーダム」の中共に日本が対抗するためにも、「東南アジアの弱小国に機雷戦の能力を武器援助する」ことが、大いに有利で安価で安全な政策となるのです。

戦後の中共沿岸はどうなる

機雷は「四次元兵器」です。種類によって、敷設《ふせつ》された海域を、浅いところから深いところまで支配します。加えて、長時間の支配力も発揮します。

これは戦時には利点となりますが、敷設した機雷を戦争後には始末しなければならないことを忘れてはなりません。

先に紹介したように「一九〇七年の第八ハーグ条約」は、機雷を仕掛けた国が戦後にその機雷を引き上げるため全力を尽くすよう求めています。

とはいえ米国は、第二次世界大戦末期に西日本の沿岸に投下した一万二〇〇〇個の沈底式機雷の引き上げに、全力を尽くしたようには見えません。戦後の掃海と不発弾処理作業は、すべて日本側で実施しました。

ベトナム戦争中にハイフォン港に投下した一万一〇〇〇個の沈底式機雷についても、米国は戦後の引き上げに手を貸しておらず、ベトナム人が数年がかりで処分したようです。

まあ、それは措《お》いておきましょう。

マレーシアやベトナムなどの国々がシナ大陸沿岸に敷設した機雷を戦後に引き上げる際の問題は、その機雷のまわりのどこに何個の中共軍側で撤布した機雷が存在するか、誰にも分からぬことです。こちらが仕掛けた機雷の座標はおおよそ把握《はあく》されていても、敵が撤いた機雷の位置がさっぱり分からない。個数すら見当がつかない。これでは引き上げ作業船がたいへんな危険にさらされてしまいますから、実質的に引き上げ作業は無理でしょう。

このような深刻な戦後環境が最初から予見されるがゆえに、シナ大陸沿岸での機雷戦がいったん始まれば、戦争の決着がどうなるかとはいっさい関係なしに、「中共経済の未来は終わった」と、世界の資本家は判断します。すなわちスタートした時点で、四ヵ国側の勝利は確定するのです。

日本が四ヵ国や他のASEAN諸国にあらかじめ「武器援助」しておくハイテク機雷は、センサーの電池が一定時間で尽きるように設計するのみならず、缶体外殻《かんたいがいかく》の一部をわざと「緩徐《かんじょ》に溶解が進行するメッシュ入り素材」や「水中生物に食害され得る薄板」で作っておいて、海中に投入してから約半年後には自然に外殻に「窓」が開いて浸水が起こるようにしておく。こうすれば、もはや炸薬が轟爆《ごうばく》する危険はなくなり、戦後処理の手間は省けるでしょう。

もちろん、援助された側で、電池を大容量のものに交換したり、「自壊窓」を耐蝕材料で塞《ふさ》いだりしてしまうという「改造」を施《ほどこ》すかもしれません。が、そうした戦時変造を外国政府が防ぎ止めることはできないものです。

機雷専用の「小型潜航艇」供与で

機雷を敷設するための手段も、機雷そのもの以上に重要です。

東南アジアの弱小国がシナ沿岸に沈底式機雷を撒布する手段はさまざま考えられますが、ほとんどの弱小海軍にとり、中共体制の自滅を引き起こすためにいちばん有利なのは、「小型潜航艇」を使う方法です。

なにしろ中共海軍は、敵の潜水艦を探知する技術において、信じられないくらいに劣っているのです。電池モーターを回して静かに潜航している限り、探知されて撃沈されることは、ほとんどないでしょう。

すでに第一次世界大戦中から、潜水艦を使って敵国の軍港の前に機雷を敷設したり、海底ケーブルを切断したりする作戦が、数ヵ国の海軍によって大々的に実施されています。ドイツは、機雷敷設任務専用の「Uボート」も、多数建造しました。

たいていの潜水艦は、直径五三三ミリ、もしくは多少異なった寸法の魚雷発射管から、機雷も撒布することができます。しかし多くの海軍では、潜水艦の船体外殻《がいかく》の表面に専用の「ラック」を取り付けて、そこに多数の機雷を収納して、敷設海域に赴かせるようにしています。そのほうが、「アルキメデスの原理」（排除した水の重さだけ、水中では軽くなる）によって、機雷の運搬量を格段に増やせるからです。

潜水艦の魚雷発射管は構造が複雑で、システムとしてもかなりな高額になります。しかし、潜航艇の任務を「機雷敷設」のみと最初から割り切ってしまえば、魚雷発射管は取り付ける必要がありません。これによって製造コストもすこぶる安くなります。艦内に魚雷を置かないことによる余裕が生む浮力も、艦外に吊るして携行する機雷の重量へ配分し直せますから、ますます有利でしょう。

八〇〇万円台から買える潜航艇

ところでみなさんは、個人で買える水中散策用の潜航艇がたくさんあることをご存知ですか？

英語のインターネットで「private submarine」とか「personal submarine」など、私人が所有できる潜水艦という意味のキーワードに「for sale」も付け加えて、ためしに検索をしてみてください。

出るわ出るわ……おびただしい種類の、民間人が購入できる「潜水艦／潜航艇」が、米国や欧州では市販されていることがお分かりになるでしょう。

いわゆる「水中スクーター」ではありません。また、船体上部が完全に水面下には没しない「セミサブマリン」と呼ばれる海中遊覧船とも違います。

軽装で座席に着き、海水に濡れることなく、潜水病の心配をしないで一〇〇メートル以上も潜れる、いずれも正真正銘《しょうしんしょうめい》の潜航艇なのです。

船殻《せんこく》、すなわち外殻の素材は、ＦＲＰ（ガラス繊維強化プラスチック）が多いようです。

透明の視察窓は、ほとんどがアクリル製。強度がだいじょうぶなのかと心配になりますが、厚さが五〜九センチもあると、三〇〇メートルの水圧でも耐えられるようです。

米国の「アメリカ船級協会」（American Bureau of Shipping）という機関は、こうしたレジャー用潜航艇の建造基準までもしっかり定めており、中小メーカーでも、素材や工法等をきちんとそのガイダンスに従っておけば、とりあえず安全なものが仕上がるそうです。

欧州のメーカーもきっと、現地の船級協会の基準に合格したものを販売しているのでしょう。さもなくば、先進国市場では大問題となるはずですから。

これらのネット・カタログの売り文句を眺めていきますと、どうやら全長数十メートルもある豪華ヨットを私有しているようなお金持ちがターゲット層なのだなとも見当がつきます。ミニ潜航艇は、それ自体を船だまりに繫留《けいりゅう》しておくといろいろ厄介な問題が起きるので、普段は汽走の大型プレジャーボートに搭載しておいて、洋上で随時に艇尾から発進させるのが、いちばんよいのでしょう。

遅くとも一九八〇年代の半ばには、こういう商品ジャンルが成立していたらしい。海外の富豪たちのマリンレジャーの実態を知らなかった私などは、ただ驚くのみです。

もちろんなかには、全没まではしないで、単に船体のほとんどが海面下にあるというだけの、グラス・ボートまがいの「半没艇」(セミサブマリン)もあるのですけれども、多くの商品が、一〇〇メートルとか三〇〇メートル、稀には五〇〇メートル以上まで潜れるとカタログで主張をしています。

値段は、ガラス繊維強化プラスチック(FRP)製モノコックの八万ドル(約八四〇万円)の安価なものもあれば、鋼鉄製で六〇〇万ポンド(約七億六〇〇〇万円)という本格派までもあり、これまた相当に幅がある。

参考までに、わが国の最新の「10《ひとまる》式戦車」は一両が一二億七〇〇〇万円ぐらいです。民間用潜水艦の最高性能のモデルでも、日本の戦車よりはずっと安い。

離島奪回を想定した演習で射撃する「10式戦車」

この数字は覚えておきましょう。今日、東南アジアのどんな貧しい国でも、戦車を数十両そろえていないところはありません。物によっては、西側の新鋭戦車一両の予算で、いっぱしの民間型潜航艇を一〇隻以上も調達することができるわけなのです。

ちなみに「水中スクーター」形式なら二万ドル（約二二〇万円）もしないようです。が、操縦者の体力が消耗するので長距離ミッションには使えず、しかも潜水病の危険と隣り合わせです。

市販潜水艇の動力としては、ディーゼルエンジンとバッテリーを組み合わせている自重九トンのものから、「足こぎペダル式」まであります。最も多いのは、リチウム電池のみに頼ってモーターを回す方式で、電池だけでも、水中で微速を六～八時間、出し続けられるようです。

レジャー用とはいえ、ディーゼル機関とシュノーケル装置が付いたものは、航続距離を一万五〇〇〇海里（約二万八〇〇〇キロ）にも延ばせるようです。

乗員数は、一～三人といったクラスが主流のようで、稀に、操縦者二人＋乗客二四人を乗せられると謳《うた》っているものまであります。二～三人乗りですと、自重は三～五トンくらいでしょうか。

日本製の遊覧用潜水船も

私は知らなかったのですが、三菱重工業神戸造船所は、一九八九年に「もぐりん」という海中観光用の潜水船を建造し、それは沖縄の海で二〇〇二年一月まで営業をしていました。これは、四〇人も乗せられたサイズなのに、たったの五億六〇〇〇万円で完成したそうです。

排水量九〇トンで、七五メートルまで潜航できたそうです。黄海や台湾海峡あたりでしたら、水深が七五メートル以上あるところは、そんなにありません。

「もぐりん」は、年間維持費が七〇〇〇万円かかったのと、天候による欠航が多かった（実に面倒な法制があるため、直接海岸からは発進できず、伴走の水上船も義務付けられている）のが祟《たた》り、退航しています。

しかしその数年後、「アミューザジャパン」という会社がレジャー向きの潜水艇のプロジェクトをスタートさせています。水深一二〇メートルまで潜水でき、宙返りなどの三次元の動きができる二人乗り潜水艇を完成させ、二億〜六億円で発売したのですが、どうも国内では買い手はつかず、その代わりに海外への輸出に成功しているようです。

中南米麻薬組織の密輸用潜航艇は

日本ほど技術インフラに恵まれていない中南米の「麻薬ゲリラ」ですら、実用的な潜水艇を建造して「密輸」のために運用しています。

「有人潜航艇はどこまで簡易化できるのか？」を考えるときに参考になるので、少し詳しくご紹介しましょう。

この密輸用の潜水艇は、木材で骨組みを作り、その上にFRPの外殻をかぶせた船体構造で、なかに小さなディーゼル機関とバッテリーとモーターを搭載したものなのですが、航続距離は、近年では一万二〇〇〇キロにも達しているそうです。

それだけの航続力があれば、たとえばフィリピンから黄海の入り口に機雷を仕掛けて、また帰ってくることだってできますし、ボルネオ島から台湾海峡まで往復することも容易でしょう。

南米の麻薬組織は、一九九三年から自作の「半没艇」を密輸に使い始めたといいます。しかし沿岸国のパトロールが強化され、半没艇やスピードボート（麻薬約一トンを搭載できる）では洋上ですぐに発見されてしまうようになり、北米沖まで到達して荷渡しを完遂し難くなりました。

そこで二〇一〇年から、完全な「ディーゼル＋電池式」の潜水艇が製作されるようになりました。エクアドル国境に近いコロンビアの密林を流れる川筋に隠された秘密造船所で建造して、太平洋へ進水させるのです。

長さは一七～二四メートル。直径は三メートル。背の低い覘視塔《てんしとう》（カニングタワー）がシュノーケルも兼ねています。

内部には、小分け梱包されたコカイン四～一〇トンと、任務に十分なディーゼル燃料を搭載します。

「木骨＋FRP外殻」の構造は、あきらかに一九七〇年代以降の、海底油井視察や水中観光用の民間型潜航艇の知識が応用されているそうです。そして最新のモデルでは、グラスファイバー、ケブラー、そして炭素繊維の多層フィルムから成るFRPにまで進化しているのだとか。そうした素材はきっと、米国から輸入するのでしょう。

潜水艇の船体の工事や推進装置の設計には、コロンビア海軍の将校たちがカネで雇われていたことが、あとで判明しています。建造費は半没艇だと七〇万ドルだったのですが、潜水艇だと二〇〇万～四〇〇万ドルくらいします。しかし七トンのコカインの末端価格は二億ドルにもなるそうですので、十分にペイするらしい。

コロンビアの海岸の深いジャングル内に散在する秘密造船所では、このタイプの「使い捨て潜水艇」が毎年、七〇隻以上も建造され続けています。多くの潜航艇は、ミッションを達成しても失敗しても、自沈弁を開いてその場で証拠を始末することになっているため、常に新品が必要なのです。

一航海は片道六〇〇〇キロのこともあれば、往復一万二〇〇〇キロの旅になることもあります。水上速力は時速にして一五～二五キロ。昼間は極度に減速して、目立つ航跡波を生じないように気をつけなければなりません。そのため、平均しますと到着までに二週間もかかります。ギャングに雇われた漁民四～六名が交替で操縦運航するのです。

艇首には漁船用のソナーがあり、そのおかげで浅海面の暗礁を避け、潜航中も針路を保ことができます。

もちろん、沿岸国の哨戒機が飛んでいるところや、海が激しく時化《しけ》たときには、完全潜航して摘発や自壊を免れます。潜水は深さ一六〜三〇メートル近くまでも可能らしい。バッテリー（鉛電極と希硫酸溶液）だけで、水中を一時間で三八キロ前進でき、さらに速力を九キロ／時に抑制するならば、五時間以上も連続して潜航できるそうです。

通常は、夜間に覘視塔《てんしとう》だけを水面上に出し、半没状態で、ごくゆっくりと進みます。波の動きよりも遅ければ、沿岸警備艇のドップラー・レーダーにもひっかからないからです。近年は排ガスを冷却する装置までついているので、赤外線センサーでも発見されにくくなっているとか……。

いかがですか？

南米の麻薬組織がジャングル内の秘密造船所でこれだけのモノを年産七〇隻以上もこしらえられるのなら、「機雷敷設専用」でしかも「武器援助専用」の、四人乗りくらいの小型潜航艇を、日本の兵器メーカーが設計し量産するのは、ほとんどわけもないことでしょう。

量産効果で、単価は「ホーミング魚雷」よりも安くなるはずです。さらに、その製造技術ごと、ASEAN各国に援助することだってできるでしょう。

その小型潜航艇が、一回のミッションで一〇〇個前後の沈底式機雷を船外ラックに吊るし、シナ大陸沿岸に点々と敷設して帰ってくる。第二次世界大戦中のような「雷撃」ミッションとは違い、敵の気配《けはい》のないコースだけを選んで都合のよいタイミングで往復すればいいので、ミッションは確実に達成できるでしょう。

ベトナムに援助すべき機雷の種類

ASEAN各国のうち、ベトナムの地勢的な立ち位置は特別です。首都ハノイの港だといっていいハイフォン港の向こう岸は、中共最大の原潜基地がある海南島だからです。

今日、米海軍の潜水艦から発射する「MK48」という魚雷は、速力を五〇キロ／時に抑制すれば、七四キロ先までも走ってくれます。

魚雷は通常、動いている艦船を捉えようとしますので、あまりに低速化させてはもう実戦の役には立たなくなるわけですが、もしも弾頭を「沈底機雷」とし、単に遠くから敵の軍港を封鎖してやるために放つものと割り切るならば、時速を二〇キロ以下にして、距離にして一五〇キロ以上も走らせるように改造できます。むろん、事前にプログラムして、曲線経路を辿《たど》らせることも自由自在です。

ベトナム海軍は、小型の警備艇にこの「自走式沈底機雷」を搭載して、夜間に沖合から海南島の方角に向けてリリースしてやるだけで、ほとんど労せずして、中共海軍の有力な潜水艦部隊を軍港内に封じ込めてしまうことができるでしょう。

ただし、魚雷は一本一本が高額なのが難点です。魚雷の外形や寸法にはこだわらず、はじめから専用の「長距離自走式沈底機雷」を製造したほうが「コストとパフォーマンスの比」はよくなるでしょう。

海面のすぐ下を微速で前進すればいいのならば、外殻を頑丈《がんじょう》につくる必要もありません。敵のソナーで探知されにくいゴムやプラスチックでこしらえても構わないでしょう。形状は、大型の魚類に似せてもいい。

航走距離が五〇〇キロもあるならば、ベトナム本土の海岸からリリースするだけで、海南島の全周に機雷を敷設することができます。中共海軍には、これに対抗する方策はありません。

日本は、ベトナム向けには、こういう装備を「武器援助」するのが安全で安価で有利でしょう。

第五章　台湾は日本の味方なのか

台湾人に国防の決意はあるのか

またここで改めて、台湾の地政学的な立場についてまとめておこうと思います。

「シナ大陸の沿岸は、すべておそろしい遠浅である」という話は先に述べた通りです。幅が一三〇〜二六〇キロある台湾海峡も例外ではありません。澎湖《ほうこ》諸島と台湾本島のあいだに深さ一六〇メートル以上、落ち窪んでいるスポットがあるのですが、そこを除きますと、ほとんどの地点は八〇メートルよりも浅くて、五〇メートルよりも浅いところが海域の半分を占め、台湾海峡全体を平均した場合の深度は六〇メートルだそうです。

台湾海峡の東側でも西側でも、岸へ近づけば、水深はすぐに二〇メートル未満から一〇メートル未満になってしまう。殊《こと》に大陸沿岸では潮汐の干満差が四メートル以上あるので、最も高性能なクラスの潜水艦か、逆に廉価で超小型の豆潜航艇以外は、このあたりでは安全に活動することはできません。

たとえばロシア製のディーゼル動力の「キロ」型潜水艦は、水深五〇メートル未満の海中ですと、もう安全にはスピードは出せないとされています。「キロ」型をコピーしている中共製の「元」型潜水艦も同様です。

両岸から真水が流れ込んでいる浅い海峡では、どこで海水の塩分濃度が変わるかが、まったく予測できません。潜水艦が塩分濃度の薄いところにさしかかれば、突如として浮力が消えたようになってしまうのです。

三〇〇〇トン前後もあるマス（質量）を機敏に操艦することは不可能ですので、わずか数十メートル下にある海底にたちまち突っ込んで、大きな音を出してしまう。なんとかそれを避けようと、大慌てで浮力を増すための排水ポンプを作動させた場合も、その騒音で外国軍の聴音システムに探知されてしまいやすいでしょう。

そしてそのあとでまた塩分濃度が元に戻れば、今度は潜水艦は余計な浮力のためにものすごい勢いで海面上へ飛び出してしまいます。これを急に止めることはできないのです。運よく漁船や商船と衝突をしなかったとしても、敵国の海上監視レーダーに捉えられてしまうのは確実でしょう。

米海軍が持っている最新鋭の偵察戦闘用の原子力潜水艦は、大型（八〇〇〇トン前後もあり）ながら、このような浅海面でも、機敏に、しかも静かに行動したり、海中の一点で三次元的に静止ができたりするらしい。しかし、一艦あたりの建造費や年々の運用費およびメンテナンス費用は天文学的数字で、米国以外の国家には、とても保有できるものではありません。

ですから、浅い海や沿岸近くで潜水艦を運用したい中小国の海軍は、無理な高望みをしないで、あまり本格的なサイズではない二〇〇〇トン未満の小型潜水艦や、もっとずっと小さな「豆潜航艇（ミジェット・サブ）」をそろえる路線を選択したほうが、軍事的に合理的だといえるのです。

北朝鮮は黄海で、それを実践しています。黄海は最も深いところでも一〇〇メートルぐらいしかなく、平均水深はたったの約四四メートルだからです。

イランも二〇〇七年から、一八〇トンしかない豆潜航艇を二〇隻弱、国産して運用しています。ペルシャ湾の水深は最大で九〇メートルしかなく、面積の三分の二は水深五〇メートル未満だからです。

四隻しか潜水艦を持たない台湾

ところが現在、台湾海軍は、潜水艦を、艦籍簿上でもわずか四隻しか持っていません。しかも、そのうち二隻は第二次世界大戦中に建造されたというシロモノ……。これで実際に高雄《たかお》軍港から荒海へ乗り出し安全な潜航ができるなどとは、誰も思ってはいません。実態は繋留《けいりゅう》されているだけの見学艦です。

つまり実働戦力となり得るのは、わずかに二隻！

北朝鮮ですら数十隻もの潜水艦隊を擁し、二〇〇〇トン級の潜水艦を国産できているというのに……。台湾のGDPや、造船工業の規模、そして国家が置かれている地理的な環境を考えたなら、これはあまりにも不自然な話でしょう。

現在の台湾人には「潜水艦は持たない」という、なにか意図的な「政策」があるようだ——と、疑っていいでしょう。

戦後の台湾が最初に米国から売ってもらったのは、水中排水量二四一四トンの「カットラス」という「ディーゼル＋電池」式の潜水艦で、米海軍では一九四五年三月に就役させたものでした。

一九七三年四月の除籍（と同時に台湾が購入）の時点では、ディーゼルエンジンを使っての浮上航行ならば一万一〇〇〇海里（約二万四〇〇〇キロ）が可能でした。潜航深度は四〇〇メートルまでテストされていました。

二隻目は、やはり戦時中の一九四三年に起工されて戦後の四六年に米海軍に就役し、さらに四八年にシュノーケルなどを取り付ける改装工事も施した「タスク」（水中排水量二七四〇トン）で、一九七三年一〇月に除籍されたものを、台湾が購入しました。

「タスク」は「対潜水艦訓練用」に購入するのだと説明され、魚雷発射管は使えぬように溶接されていましたが、一九七六年、台湾側において発射管を再生し、魚雷そのものはイタリアから調達したようです。

これら米国製の潜水艦で運用に慣熟した台湾海軍は、次に小型ながらも新品の潜水艦の調達を希望し、一九八一年九月にオランダの造船所に二隻が発注されました。いずれも、水中排水量は二三七六トンで、航続距離一万海里（約一万八五〇〇キロ）。潜水深度は三〇〇メートルまでテストされていました。

オランダのメーカーは五年をかけて一九八六年に二隻を相次いで竣工。引き渡された台湾海軍は、一九八七年と八八年に就役させています。

台湾海軍の潜水艦セクションとしては、ここで訓練した乗員たちを中核に、さらに潜水艦隊の陣営を近代化して充実しようと考えたのは自然だったでしょう。動かせる潜水艦が二隻では、常時一隻をパトロールさせておく運用も、できかねるからです。

そこで次に、またオランダへ四隻の追加発注をしようと計画されるわけですが、その話が進む前に、北京で大騒動が勃発しました。一九八九年六月の「天安門事件」です。

機雷で中共が滅ぶと困る国は

この事件では、中共の最高実力者だった鄧小平が、天安門広場に軍隊を投入してでも学生たちの騒ぎを断固鎮圧《ちんあつ》するよう指示し、最終的に数千人が死亡したといわれます。いまだにその全容は闇のなかですが、この流血の弾圧は、毛沢東とニクソンが一九六九年に密約を結んで以来の米支関係を、根底から揺さぶりました。

一九八九年の一月に、米国に共和党のブッシュ（父）政権が成立していました。ソビエト共産圏を崩壊の運命へ追い詰めたレーガン政権で副大統領を務めていたブッシュ氏に、シナ人民、特に若い学生たちは、「東欧の次は中共政権もやっつけてくれ」と期待を寄せた節がありました。米国世論も、明らかに、ソ連崩壊に続く中共体制の終焉《しゅうえん》を歓迎するムードでした。

こうなっては鄧小平も、まなじりを決して学生を射殺させるしかなかったでしょう。

そんな「新冷戦」の空気のなかで中共は、露骨にオランダに対する経済制裁を予告し、一九九二年にオランダは、台湾との商談を諦めます。

ここからの台湾の潜水艦整備政策が、実に不可思議なのです。

台湾には造船業もあり、台湾海峡やシナ大陸沿岸で運用する潜水艦ならば、特殊潜航艇（ミジェット・サブ）を多数保有したほうが、台湾侵攻作戦への抑止力として合理的であることは知られていました。彼らにはそれをいくらでも国産する能力があります。少なくともコロンビアの麻薬組織や北朝鮮よりはマシなできばえの超小型潜航艇を、すぐにも完全国産し得たでしょう。

台湾の外貨準備高からいって、欧米の民間用潜水艦の設計技師や熟練工員を必要なだけ招聘《しょうへい》したり、既製品の設計図を海外から非公開で買ったりすることも、たやすかったはず。にもかかわらず、決してその方向での自主的海軍建設を実行しようとはしていません。

二〇〇一年に台湾政府は唐突に、米国ブッシュ（子）政権に対して「ディーゼル潜水艦を八隻、米国から購入したい」と求め、スタートしたばかりのブッシュ政権はそれを承認します。

これがまた不可解なアナウンスでした。一九五〇年代末以降、米国内の造船業者は原子力潜水艦しか建造していません。「ディーゼル＋電池」式の潜水艦を建造するノウハウを知っている技師も工員も、もはや造船会社には一人も残っていないのです。いまさら設計も建造もできはしません。

それを分かっていて要求した台湾政府も、それを知っていて承認したブッシュ政権も、真意が謎に満ちています。

この話はもちろん、それから一歩も前進しませんでした。

現今の台湾政権は、二〇一五年一〇月に、「一五〇〇トン級の国産潜水艦を整備する」という計画を公表しています。しかし、もしその話が最速で前進しても、初号艦の就役は二〇二五年よりも後になるらしい。

いったいその前に中共軍が上陸作戦を発起したら、彼らはどうするつもりなのでしょうか？

台湾の指導層は、大陸（中共）の最大の弱点が、「沿岸に機雷を撒かれると簡単に体制が崩壊し、長期にわたって経済的三等国に転落するしかない運命にある」ということがよく分かっている。それゆえに機雷戦には乗り気ではないのだと想像しますと、台湾のこのような不自然な軍事政策が、矛盾なく説明されるように思います。

両国間には暗黙の了解があるので、台湾海軍もまた、沈底式機雷を探知・掃海するための近代的装備が事実上ゼロであっても、平気なのでしょう。

台湾の中枢は実は「反日」

台湾は謎の多い国です。今日、そこには自由で透明な空間があるように見えるのですが、正体を知っている人はほとんどいません。特に軍隊のなかに「反日」のコアがあることが日本人には分からないようです。

一九九〇年代以降に生まれた世代や、南部地方に戦前から暮らしている家族のあいだには「親日」傾向があるのは事実です。

しかし第二次世界大戦後の一九四六〜四九年にかけて、中共に逐《お》われてシナ本土から渡来した蔣介石《しょうかいせき》の国民党軍（外省人＝中国本土から移り住んだ人々）が築き上げた現在の政府機構の中枢は、原理・原則として「反日」なのです。

一九九〇年代まで、台湾軍の将校は「外省人」が独占するものと決まっていました。もとからの台湾住民（本省人）は、成績優秀であろうが、下士官にしかなれなかった。腐敗した余所者《よそもの》の国民党軍将校が、地元台湾人を脅《おど》かしながら下級兵として支配・統制しようという、歪《いびつ》な文化のある軍隊が、台湾軍でした。

台湾軍の内部では、将校が、徴兵されてきた兵隊をいじめ殺すという不祥事もよく起きます。将校と兵隊が文化的にも一体感を持っておらず、むしろ反目し合っていた、異常な国防組織だった名残《なごり》です。

ちなみに、旧日本軍で新兵をいじめたのは同じ兵隊の古参兵（一等兵）でした。いくらなんでも将校が部下の兵隊を殴ったりはしませんでした。

各国固有の「軍隊の文化」はディープなもので、三〇年や五〇年では変えられないものです。台湾軍は、どう見ても「国に殉ずる」軍隊ではありません。

おそらく李登輝《りとうき》が選挙で総統に選ばれた一九九六年以降でも、台湾軍の下級兵は、もしも中共軍が攻め込んできたなら、将校の下で戦うことに納得せず、逃亡か投降することしか考えていないでしょう。

国民党の老人たちは「野党（一九八六年から公認された）が台湾を大陸に合体させる気ではないか」と疑いますが、同時に国民党の内部でも「このまま特権的地位を剝奪《はくだつ》されるのなら、いっそ中共に国を売って、己は新体制の幹部にしてもらおうか」などと考える裏切り者が出はしないか、憶測がつのるのです。その辺の機微がよく分かっているからこそ、中共側でも、一九九五年に「ミサイルを近海へたくさん撃ち込んで台湾の有権者を動揺させてやれ」などという発想が湧くのです。

中共に筒抜けになる軍事情報

米国は、国民党がシナ大陸内に保持している人脈、すなわち親戚や戦前の知人を通じた情報の収集力を、貴重だと評価しています。

ところが一九八五年以降、大陸と台湾のあいだの直接商売や個人旅行が趨勢《すうせい》としてもう止めようがなくなると、それに乗じて台湾軍内にも中共側のスパイ工作が浸透しました。

台湾軍の中堅将校としては、いまさら台湾軍が大陸を征服できるわけのないことは判断できますし、その逆に米国政府次第では大陸が台湾を吸収してしまう事態があり得るという計算ができます。だから、古い長老将軍たちに義理立てするよりも、自分の現在や将来を考えるようになるでしょう。米国は、そこまで読んでいます。

一例を挙げましょう。

米国は二〇一一年から、台湾軍の古くなった「ホークアイ」（双発中型の早期警戒機。空飛ぶレーダーサイト）を四機、アップグレード改修してやっています。台湾海峡に飛来する中共軍の戦闘機が「スホイ27」という新型機種になって、中共側がかなり強気になったのに対応した措置でした。

「抗日戦争勝利70年」の軍事パレードに登場した台湾の「ホークアイ」

直後の二〇一三年、その改造された「ホークアイ」の性能諸元を中共へ漏らしていた台湾空軍少佐が逮捕されました。これは表《おもて》沙汰《ざた》になった国防スパイ事件の一部に過ぎません。

とはいえ米国もさるものです。米国政府は、「台湾に最新武器を渡せばその情報は中共へ筒抜けになるかもしれない」「国民党であれ野党であれ、台湾政府が突然、中共に屈服し、米国から供与した兵器がぜんぶ中共軍の所有物になるかもしれない」ということも、よく分かっています。そこで、自軍の「ホークアイ」を最新バージョンである「D」型に機種更新するのに合わせて、台湾には、意図的に性能を制限したアップグレード改修だけをしてやったのです。その秘密が漏らされてしまっても、米軍や同盟国軍は決して深刻なダメージを受けないよう、最初から計算しているのです。

戦闘機の供与政策についても事情は同様です。

一九七六年に、米国で軽量万能戦闘機「F16」の生産が始まりました。航空自衛隊の「F4」戦闘機よりもはるかに高性能な新鋭機でした（台湾空軍は「F4」すら持っていません）。

「F16」は「F15」よりも安価でしたので、NATOの中小加盟国だけでなく、親米的な中進国にも積極的に輸出されて、すぐに西側戦闘機の大ベストセラーになります。が、台湾にだけは、一九八〇年代を通じて輸出は認められていません。

理由は、「対ソ同盟者」である中共からの反対があったことも一因ですが、空戦能力も爆撃能力も卓越した「F16」がもし台湾軍に与えられれば、国民党が「大陸反攻」という初志を復活させたり、中共空軍を翻弄《ほんろう》して「面子《メンツ》」を潰す宣伝目的の余計な騒ぎを、台湾海峡上空で惹《ひ》き起こしたりするかもしれない……そう心配されたからです。

一九八〇年代の国民党は、米国内で国民党批判をした台湾人（米国との二重国籍人）を暗殺するなど、ムチャクチャだったのです。

米国から信用されていないと察した台湾は、しようがないので一九八二年に、フランスの「ミラージュ」戦闘機を参考にした「経国」という国産戦闘機を開発することに決め、それは一九八九年に初飛行しました。天安門事件の年です。

一九九一年の年末にソ連が崩壊すると、ようやく米国は、「F16」の最も古い型である「A」型と、その複座型練習機タイプである「B」型を合計一五〇機、台湾に売ることに決めます。一九九二年、ブッシュ（父）政権のときでした。

これに対して中共は、ロシアから「スホイ27」戦闘機の調達とコピーを画策。そして二〇〇一年には、台湾海峡で、中共空軍の「スホイ27」が台湾空軍の「ミラージュ2000」を攻撃用レーダーでロックオンするという強気の挑発に出てきました。史上初めて、中共空軍は、質的に台湾空軍と並んだのです。

この趨勢に焦《あせ》った台湾政府は、二〇〇六年、「F16」の「C」型とその複座練習機である「D」型を、合計六六機、新品で輸入したいというリクエストを米国政府に伝えました。

しかしブッシュ（子）政権は、「台湾海峡での軍事バランスを崩さない」という過去の米国としての公的な「約束」を守り、その必要を認定しません。

そこで台湾政府は、ブッシュ（子）政権末期の二〇〇八年になって、一四六機ある古い

「F16」戦闘機（A／B型）のアップグレード改修を求めます。この案件は二〇〇八年と二〇一〇年（オバマ政権の二年目）の二度、米政府によって認可されていますけれども、いずれも実行はされていません。

この問題でも、米国政府が、新型エンジンや新型レーダーの技術が台湾から中共に渡ってしまうことを懸念していることは明らかです。米国は、ホワイトハウスも、また上下両院の共和党議員も、台湾を見捨てる気はありません。しかし、そのことと台湾軍を信用しないこととは両立するのです。

九段線の主張も国民党政府の仕事

こうした事情は別に秘密ではないのです。けれども、日本人は、「日本文明は一国だけで完結している孤独な文明圏である」（サミュエル・ハンチントン『文明の衝突』）という不安な現実を意識しないようにする「脳内フィルター」を働かせてしまうので、表面的に日本の友達顔をする「異文明国」に、見当外れで危険な期待を寄せてしまいがちです。

その対象が、一九三〇年代にはナチス・ドイツであり、一九七〇年代には中共であり、冷戦以後は台湾になっているのかもしれません。

さかのぼりますと、一九六八年にＥＣＡＦＥ（国連アジア極東経済委員会）が、尖閣諸島周辺の海底には、イラクやクウェートをも凌《しの》ぐ一〇〇〇億バレル以上の原油が眠っているかもしれない――という、いいかげんな報告書を作成しました。これについては経済産業省の石油審議会が、せいぜい三二・六億バレルしかないという真相を一九九四年に公開していますけれども、米国の石油会社はそんなことはとっくに知っています。

しかし台湾政府には別な思惑があったようで、一九七〇年七月二〇日、日本政府に外交質問書を送るのです。これは、日本政府に尖閣諸島の主権があることについて外国政府が初めて公的に挑戦したアクションでした。翌年には中学生向けの地理の教科書を書き替え、前年版まで日本領の「尖閣諸島」としていたところを、台湾領の「釣魚台列島」に改めてもいます。

このように台北政府が「尖閣は台湾のものだ」と主張し始めたのに、北京政府が黙ったままでは、あたかも北京政府は「漢奸《かんかん》」（シナ人の売国奴）であるかのように見えてしまいますから、沖縄県の日本への復帰が迫った一九七一年からは、中共も尖閣の領有権を唱えるようになりました。北京としては、台湾以上に強硬に出てみせる必要があったわけです。そして、これはライバルの台湾が存在する限り、一度言い出したら二度と引っ込みはつかぬ主張でしょう。

多くの読者は、二〇〇八年五月に国民党の馬英九《ばえいきゅう》が台湾総統となるや、さっそく七月に尖閣諸島魚釣島の日本領海に海洋調査船を侵入させ、日本の許可なく海底を調べた事件を忘れているでしょう。台湾にこれをやられたら、中共政府だってそれ以上のことをやってみせないことには、国府（台湾政府）との宣伝合戦に負けてしまいます。だから一二月には、中共の「海監」の公船二隻が尖閣諸島周辺の領海を侵犯し、海保の退去命令を無視して九時間徘徊《はいかい》したのです。

二〇一二年の選挙で馬政権の続投が決まるや、またもや九月に台湾のコーストガード船が尖閣諸島周辺の領海に突入してきて、海上保安庁の巡視船と放水銃合戦を展開した事件も、読者は忘れているのではありませんか？

二〇一二～一三年にかけては、台湾エスタブリッシュメントのコアな反日的特徴が衆目の前に全開になりました。それは、わずか数年前のことなのです。

いま中共が南シナ海について牛の舌状の「九段線」を勝手に引き、その内側は全部、中共の主権域だと主張していますのも、もとをたどれば、蔣介石が国共内戦に敗れて台湾逃亡を決意する一九四八年頃に打ち出した国民党の「宣伝」を踏襲《とうしゅう》したものに他なりません。厄介《やっかい》な問題はすべて台湾から始まっています。

台湾単独でも機雷戦で勝てるが

台湾経済は、一九九〇年代から、大陸経済への依存を強めてきました。そして二〇〇九～一三年にかけて、もう事実上、中共経済に隷属《れいぞく》してしまったと見ていいのではないでしょうか。

インド、マレーシアもしくはインドネシアが（台湾の行動とは関係なく）、マラッカ海峡を機雷で封鎖した場合、中共の石油輸入はそれだけでも八割を断たれることになると思われますけれども、実は台湾単独で機雷戦に訴えても、中共を亡ぼすのにはもう十分なのです。

そうなってしまうのは、なにも現代の機雷がスーパー兵器だからではなくて、誰も予想もしなかったほど経済発展してしまった一九九〇年代以降の中共の「地政学的弱点」が、それだけ特異であるからなのです。

しかし、撒いた機雷の効果が長期におよぶことを、台湾人は怖《おそ》れているように見えます。要するに台湾人は、中共経済を破壊したくはないのです。

中共と台湾のあいだには、口先で叫ぶ建て前は別として、事実上、領土の争いもありません。シナ大陸の目と鼻の先には台湾政府が支配する金門島《きんもんとう》と馬祖島《ばそとう》がありますけれども、中共軍はそれを武力回収するつもりはありません。台湾軍守備隊も、緊張してはいません。

スプラトリー諸島中の最大の島で、パラワン島とベトナムの中間付近に浮かぶ「太平島」（イトゥ・アバ島）を台湾軍が基地化しているのに対しても、中共側は、格別なアクションを起こしていません。

中共の石油開発企業が一方的に台湾のＥＥＺ内に試掘リグを設置するといったようなトラブルも、両国間にはまったくありません。

中共から台湾に核ミサイルを撃ち込む気もありません。中共政府の感覚では、そこは外国ではないからです。

台湾の側から見ても、なにも中共を滅ぼしてしまう必要はない。願わくば、いまのままの関係が永続し、できるだけ長く商業上の同盟からもたらされる利得を享受《きょうじゅ》したい、というのが台北政府の本音なのでしょう。

台湾に援助するよりベトナムに

一方、ベトナムやマレーシアやフィリピンや日本の固有の領土については、中共は奪う気満々で、それを止める気がありません。

日本については、首都・東京が、水爆ミサイルで一九七一年からずっと、照準を合わせられ続けています。

ベトナムとマレーシアとフィリピンとブルネイ、そしてインドネシアとインドと日本は、中共にその侵略的政策を止めさせようと思ったら、中共体制が内側から民主主義革命で打倒されるのを念願するしかないでしょう。

中共体制が続く限り、中共が尖閣海域で騒ぐことをやめることもありません。また、東京にはいつ中共からの水爆ミサイルが落ちてくるか知れません。

その高速ミサイルを迎撃できる「ミサイル防衛」は存在しません。防ぐ方法はただ一つ。専制的中共体制の終焉《しゅうえん》をシナ人民の手で実現させることです。

まさにこの意味において、日本とフィリピン、ベトナム、マレーシア等は、「地政学的に運命づけられた東アジアの防支連盟」だといえましょう。

だからといって無理にも日本が音頭を取って「新・三国同盟」だとか「四ヵ国同盟」のようなものを呼号する必要はまったくありません。

日本は、フィリピン、ベトナム、マレーシア、ブルネイ等に、それぞれ個別に二国間で相談をして、機雷戦能力を「武器援助」すればいいだけなのです。

各国ともに、対支の姿勢は一定しないでしょうが、そのうちのどの一国でも中共に怒って機雷戦をスタートすれば、その瞬間に、中共体制は終わります。一発の核ミサイルも発射されることはありません。日本として、これほど安上がりで、効き目抜群の「対友好国援助」はないはずです。

第六章　オスプレイを凌ぐ日本製武器の数々

のです。

尖閣防衛に無用な武器とは

「伐謀《ばつぼう》」というのはシナ古典の『孫子』「謀攻篇」に出てくる言葉で、侵略の計画そのものを敵が諦めざるを得ないように、こちらが先手を取ってうまい措置を講じてしまうことです。それによって戦争そのものが抑止される。よって、いちばんの「上策」だといえるのです。

この「伐謀」の着眼が、辺境島嶼防衛に活かされていないのが、現下の日本の大問題です。第一章で論じたトリップワイヤーの不在はその最たるものですし、陸上自衛隊（陸自）の個々の装備や運用構想にも、問題があり過ぎます。

たとえば、車体だけでも何十トンもあるような重厚長大な戦車や自走砲や多連装ロケットランチャーをいくらそろえたとしても、それを陸自が尖閣諸島まですばやく持ち込むことは誰が見ても不可能なのですから、その装備に投じた予算は、尖閣防衛のためにはほとんど役に立っていないことになるでしょう。

これが、たとえば普通の重戦車や自走砲や多連装ロケットランチャーではなくて、ヘリコプターで吊るして運べる「空挺戦車」であり、海上を自力で浮航もできる「水陸両用自

飛行する対地攻撃用無人機「グレイ・イーグル」

走砲」であり、米陸軍が持っている「グレイ・イーグル」のような「対地攻撃用無人機」だったとしたなら、中共軍の作戦参謀は、島嶼奇襲上陸計画のすべての段階で、「もしこうした装備が出てきたらどうしよう」と自問自答をせねばならず、侵略開始決定のハードルはずいぶん高くなるでしょう。

辺境島嶼を狙っている侵略者の心理を不安にさせないような兵器の開発や調達にいくら予算を付けても日本はちっとも安全にはならない——という常識的センスが、陸上自衛隊関係者には欠けているように見えるのは残念です。

尖閣で戦闘が続いている限り

侵略者が心から念願していることは、奇襲占領した尖閣諸島を死守し続け、そのうちに、「尖閣諸島を中共軍が占領している」という事実が時間とともに固定して動かせなくなって「普通の光景」と化していくことです。

そうなれば、現在の北方領土や竹島のように、「尖閣諸島は日本領土ではない」という外見が、地域と無関係な諸外国から見て、できあがります。

そうなってしまったあとで大々的な「逆上陸」作戦を遂行するのは、政治的に非常に難しいものです。いま国後島《くなしり》に第一空挺団をいきなり送り込めばどうなるか、想像してみたら分かるでしょう。

では、「尖閣を決して北方領土にはさせない」ためには何が必要なのでしょうか？

敵による「占領」が成就《じょうじゅ》したというイメージを、誰に対しても思わせないような兵備と、それを駆使する「戦争指揮」です。第二次世界大戦中のガダルカナル島の争奪戦のピーク時のように、島の上や周辺の海上で、連日連夜、激しく戦闘が続いているとリポートされているうちは、世界の誰も、中共軍による島の占領が達成されたとは思いません。こ

「AAV7」とともに離島奪還訓練を行う陸上自衛隊員

こがとても重要です。

言い換えると、「島の戦況は少しも落ち着いていない。守備軍への増援は即日になされ、いまも果敢に反撃中である。明日にも尖閣諸島は完全に奪還されるかも……」と世界が思ってくれているうちは、敵国による尖閣諸島占領は、既成事実化はしません。

現地の防戦を固定させず流動化させ続けておくには、「すばやい駆けつけと即時戦闘加入」ができるような装備や部隊が、特別に重宝します。出陣の準備に何日もかかるような部隊では、まさに儒教圏人の思うツボで、どうしようもありません。

福岡県の築城《ついき》基地に展開している航空自衛隊のＦ２戦闘機が、反復的な対地攻撃や対艦船攻撃で、コンスタントに活躍してくれるでしょう。米空軍の場合、一機のF16戦闘機に対してパイロットの数を二倍用意し、半日のうちに同じ機体を四度離陸させて敵地を反復爆撃するというような猛訓練をしています。航空自衛隊は多分そこまでのヘビー・ローテーション運用は考えていないと思いますが、尖閣の防戦を流動化させておく切り札であるF2部隊の高頻度出撃継続能力に関しては、抜本からの改善努力が望まれます。

海自と陸自のコンビネーションで、尖閣防戦の流動化にまず役立たないと断言できるのは、大型輸送艦（ドック型揚陸《ようりく》艦）と、米国海兵隊が一九七二年から使っている水陸両用兵員輸送車「AAV7」（二九トン、クルー四名＋兵員二五名、浮航速力一三キロ／時）の組み合わせです。

フォークランド紛争の教訓

みなさんは一九八二年のフォークランド諸島領有紛争で、アルゼンチン軍が四月から武力占領して守備を固めていた英領の離れ小島に、英本国軍が五月二一日に逆上陸作戦を敢行したとき、第二次世界大戦式の装甲された履帯付きの上陸用船艇とか「AAV7」のようなものを使っている映像を見た覚えがありますか？

英軍の上陸第一波を担当した英海兵隊のロイヤルマリンズや特殊空挺隊SASは、この島嶼奪回作戦では、全面的にヘリコプターを活用しました。

英国のロイヤルマリンズが「上陸作戦はヘリコプターでするのが最も合理的だ」と気が付いたのは、なんと一九五〇年代のことです。以来、ロイヤルマリンズは、鈍重《どんじゅう》な装軌式の水陸両用兵員輸送型装甲車、たとえば米海兵隊を象徴する「AAV7」のような兵器システムには見向きもしていません。

ヘリコプターなら、降着する場所を選びませんが、「AAV7」は、海岸にしか上陸できません。それだけで、敵は防禦《ぼうぎょ》努力を一正面に絞り込むことができます。

しかも装軌式水陸両用車は、海岸ならどこでも上陸OKというわけではないのです。断崖があれば無論のこと、岩だらけだったり、干潟《ひがた》や軟泥湿地《なんでいしっち》がどこまでも続く浜だったりすれば、海岸線で立ち往生です。調査によれば、世界のすべての海岸線のうち、そもそも「AAV7」が上陸できるところは一七%しかなく、干潟に強いホバークラフトでも、七割にとどまるそうです。

米海兵隊のメソッドでは、「AAV7」をドック型揚陸艦に積み、その揚陸艦が目標海岸の沖合四〇キロ前後（だいたい水平線に相当します）で、艦尾ドックから「AAV7」を吐き出します。「AAV7」は、波が平穏ならば、時速一三キロで浮航できるようになっていますが、四〇キロもの距離を進むのに、その最高速力でも三時間かかる計算になります。島に先に乗り込んでいる敵兵は、その間、何もしないでいてくれるでしょうか？

一九九〇年の湾岸戦争では、イラク軍がクウェート沖に機雷を一〇〇〇個敷設したという事前情報があったため、米海兵隊の上陸作戦は取りやめになりました。中共軍が、「AAV7」の這《は》い上がれそうな海岸に機雷や地雷を敷設しない……なんてことがあり得るでしょうか？

まして、一九九〇年当時のイラク軍より、現代の中共軍のほうが、地対艦ミサイル装備は充実しているのです。こちらのドック型揚陸艦が沖合一〇〇キロに近寄ることすら、そもそも危なくてできないでしょう。

水上を時速一三キロでノロノロと浮航しているときの「AAV7」も、ものすごく危険な状態にあります。というのも、海岸の守備軍から放たれる対戦車ミサイルが命中したり、機雷や水際地雷の水中爆発によって車体に亀裂が入ったりすれば、自重が二九トンもあるために、またたくまに「沈没」してしまうからです。

すると、なまじ鋼鉄の壁で囲まれていますから、乗っている将兵の多くが逃げ出すこと

海上自衛隊のドック型揚陸艦「おおすみ」は22ノットしか出すことができない

ができずに溺死《できし》する危険がある。

そのため米海兵隊では、しばしば天蓋《てんがい》のハッチを閉めないで、浸水したら全員すぐに脱出できるような態勢で浮航をするよう心がけているほどです。しかしハッチを開けておけば、大波を被ったときに浸水しますし、空中で炸裂した榴弾《りゅうだん》の破片がモロに車内へ飛び込むことにもなります。

陸上自衛隊は主に西部方面隊用として、米国内では一両が二五〇万ドル（約二億六〇〇〇万円）で納品されている、この「ＡＡＶ７」を一両六億八〇〇〇万円弱で三〇両、米国から購入することを決めています。賢明な買い物だとは評せないでしょう。最速でも二二ノットしか出せない「おおすみ」型揚陸艦の準備作業をモタモタとやっているあいだに、現地尖閣の陸上の戦闘はすっかり「固定化」してしまうだろうからです。

オスプレイに優る日本製飛行艇

では海自と陸自にとって賢明な買い物となるのは、何でしょうか。

ズバリ、飛行艇です。

兵庫県宝塚市にある新明和工業が国産している救難飛行艇「US2」は、同社が「武器ではない救難専用航空機」として対外輸出することをずっと狙っていたために、兵員輸送にふさわしい内装とはなっていません。しかし簡単な改造で、完璧な「空水路侵入部隊輸送機バージョン」にできるのです。

二〇一四年四月一日の安倍内閣の閣議決定によって、日本からの武器輸出は、すでに「解禁」されています。ですから同社も、堂々と「兵員輸送機」としてラインナップに加える販売戦略に転じたほうが、海外（たとえばインドネシア）からの引き合いも増えるでしょう。

離水する救難飛行艇「US2」

それはともかく、「ＵＳ２」はどうしてわが国の島嶼防衛に最適なのか？

まず、四五〇〇キロ以上もある航続力です。日本の離島領土がおそろしく広範囲に散らばっていることは、あらためて強調するまでもありません。そして、兵力に限りがある日本の国防を高度に機能的に保つためには、北海道や東北地方の駐屯《ちゅうとん》部隊であっても、南西方面海域での有事に際して「遊兵化」（傍観するだけで役に立たない状態）するようではダメなのです。

「ＵＳ２」ならば、たといオホーツク海に面した遠軽《えんがる》駐屯地や美幌《びほろ》駐屯地からでも、一挙に魚釣島沖まで駆けつけてゴムボートと上陸隊員を降ろし、機体はそこからまた離水して九州まで戻ることができます（陸上滑走路も利用可）。中共軍にはとうていマネができない「戦略機動性」が実現するでしょう。

それは、陸自の兵員数が数倍に増えたのと同じことなのです。

これに対して「航続力が自慢」とされている米海兵隊の垂直離着陸機「MV22」オスプレイは、メーカーの公式ホームページによれば戦闘行動半径が七二二キロですから、陸自の相浦《あいのうら》駐屯地や海自の大村航空基地がある長崎県からギリギリ、尖閣までの往復が（現地ではほとんど滞空せずにすぐトンボ返りすれば）できるに過ぎません。

純輸入品である「オスプレイ」と、国産機である「US2」は、偶然にも値段が同じ（一機約一〇〇億～百数十億円）です。いったいどちらが得な買い物でしょう？

乗せていける兵員数は、オスプレイが二四人であるのに対し、「US2」を兵員輸送機に改造した場合には、四〇人が可能になるでしょう。私は「US2」の一世代前の「US1A」の時代に新明和の社内の人に試算をしてもらったことがあり、ただ詰め込むだけなら六〇人くらい座らせられると聞いています。「US2」は「US1A」よりもエンジンその他が増強されていますので、兵員十数人に加えて複数のゴムボートを搭載するのは、まず余裕で可能でしょう。

ちなみに第二次世界大戦中の日本の「二式大型飛行艇」でも二九人の「乗客」を便乗さ

米海軍の強襲揚陸艦「キアサージ」から発艦する海兵隊の「オスプレイ」(メーカーは米国のベル／ボーイング社)

せることができました。「US2」のエンジン馬力は「二式大艇」の二・七倍もあります。

オスプレイの機内は狭く、ゴムボートは搭載できません。

魚釣島に上陸した中共軍は、肩撃ち式の地対空ミサイルを装備しているはずです。それを避けようとすれば、オスプレイは、ゴムボートなしの隊員を沖合の海面に降ろしてやることができるだけとなってしまうでしょう。

機内が与圧される「US2」は、針路途中の積乱雲を飛び超えることもできますが、与圧のないオスプレイにはそれは無理で、引き返すしかありません。

米軍事企業が喜ぶ防衛省の選択

そもそも陸上自衛隊と防衛省には、「オスプレイを買う」という唐突な選択の前に、既存のライセンス国産品で、全国に五六機配備されている大型輸送ヘリコプター「CH47」を廉価に小改造して空中受油プローブ（前方に長く突き出したパイプ）を取り付けるという、合理的な選択も考えられたはずです。

すでに、航空自衛隊の救難ヘリコプター「UH60J」に空中給油をしてやるために、空自の「C130」輸送機には「授油装置」が用意されています。

その「C130」ベースの空中給油任務機と組み合わせるだけで、陸自の「CH47」は、九州の基地どころか本州の基地からでも尖閣諸島まで無着陸で急行できるようになるのです。これも、日本のヘリコプター戦力がいきなり数倍に増強されるようなものでしょう。巡航速度こそオスプレイには劣りますが、一度に空輸できる兵員数は五五人ですから、働きはオスプレイの二機分以上。もちろんゴムボートも機内に搭載できます。

果たして中共軍の作戦参謀は、空中受油装置を完備した「CH47」の大編隊と、高額ゆえ少数しかそろわない、しかもゴムボートを内蔵できないオスプレイの、どちらを恐れ、

航空自衛隊小牧基地を離陸する「C130」輸送機

侵攻をためらうでしょうか?

一九八〇年以来、「日米装備・技術定期協議」(S&TF)などの場で米側から、自衛隊が買うべき装備についての要望がいろいろと出されているのでしょうが、陸自と防衛省の選択には、米国海兵隊の関連メーカーを喜ばせるだけの、首をかしげたくなるものが多い、と評さざるを得ません。

沖縄本島や先島諸島に駐屯している陸自部隊が、一一メートル級の大型ゾディアックボート(ゴムボートの船底だけアルミ合金化して、高速性と軽量性と浅瀬での強靱《きょうじん》性を実現した軍用ボート)をトレーラーから浜辺に押し出して、海路、尖閣に駆けつけるというオプションも、あっていいでしょう。大型で低速の「おおすみ」型輸送艦がやってくるのを漫然と待っているよりは、敵企図の「伐謀」に役立ってくれるはずです。

一九八二年のフォークランド紛争は、争奪の対象となったフォークランド諸島がアルゼンチン本土からは数百キロと近いのに比して、英本土からは約一万三〇〇〇キロもかなたにあったために、「アルゼンチン軍が島に上陸しそうだ」と英国がスパイによって察知ができても、その「初動」を制するような英軍の兵力展開は、英国政府には考えることができませんでした。

しかし、自衛隊が日本領土を将来の敵性隣国の侵略から守る方法を考える場合には、一九八二年の英国政府が直面したような「距離の制約」は、最初からないのです。

なぜなら、最もシナ大陸に近い日本領土である尖閣諸島ですら、シナ大陸から魚釣島までの距離（約三三〇キロ）よりも、八重山諸島や宮古列島からの距離（石垣島〜魚釣島間は約一七〇キロ）のほうがずっと短い。

このくらい遠近差があると、敵軍が侵攻船団を動かしたと偵知《ていち》されたあとから高速巡視船や警備艇を沖縄本島から派遣して、「人間のトリップワイヤー」となる海上保安庁の海上保安官や沖縄県警の警察官を魚釣島に上陸させてしまう「初動での抑止」が十分に間に合います。

もちろん沖縄本島からの輸送手段として、もっと時間を節約できるヘリコプターや、外国製の小型飛行艇を選択することもできるでしょう。沖縄本島に戦車や大砲をたくさん並べるよりも、よほど中共軍に島嶼侵略をためらわせる効能があるはずです。

ヘリコプターの最大のメリットは

こちらがヘリコプターを使えば、敵の守備隊は「どこへ来るか」「どこから来るか」の予想ができません。いきなり内陸に降着して守備隊の陣地を背後から襲う蓋然《がいぜん》性が、むしろ高いでしょう。

そのため敵守備軍は、決して防備の重点を一正面に絞り込むことができません。島のあちこちに部隊を分散して、警戒させるしかない。

一方こちらは、敵の最も防備手薄なところを直前に見定めてヘリコプターで不意に攻略部隊を送り込めば、ほとんど損害を受けることなく「橋頭堡《きょうとうほ》」を確保してしまえるのです。

一九八二年のフォークランド諸島では、英軍の第一波は、まったく防備されていない地面に空から降着してアルゼンチン軍を翻弄《ほんろう》・排撃するかたわら、後続の味方の第二波を受け入れ、最終段階として敵陣地近傍も内陸側から攻めて、迅速に確保しています。

こうなってはもう地上戦の帰趨《きすう》もほぼ決したようなもので、英陸軍からなる上陸第二波

（兵員数の上では主力）は、輸送船や徴用客船で敵主陣地近くの海岸まで悠々と近づき、大部隊と重資材を重門橋（船外機の付いた船を筏《いかだ》のように組んだ浮橋）を使って揚陸《ようりく》しました。こうして包囲されたアルゼンチン守備兵の降伏は、それ以後は単に時間の問題となったのです（六月一四日に降伏）。

海兵隊で水陸両用車両は無用に

およそ、離島領土の争奪にかかわる水陸両面作戦では、敵兵が先にそこを占領してしまって守備を固めている場合には、わが軍がそれに対していつどこからどのようにして奪回作戦を遂行するかを、敵側に正確に予測させせぬよう万端図ることが肝要です。

もし、こちらの部隊がいつ頃、どこら辺に出現しそうなのか、だいたいであってもその見当がついてしまうようであったなら、敵は、有限な努力を限定された時間と場所（たとえば狭い海浜）にだけ集中すればよくなり、最小の労力と資材で最大の防禦効果のある陣地を構築して、待ち構えるに決まっています。そんなところに正面から上陸攻撃をかけるわが軍は、大損害を避けられないでしょう。戦術問題の答案としては「落第」です。

ところがもっかの自衛隊の南西諸島奪回作戦方針は、この落第戦術に近いものが正しいと思い込んでいる節があります。中共軍のスパイは、海自の「おおすみ」型輸送艦の動静や、相浦駐屯地、大村基地、佐世保港などの様子を見張っていれば、自衛隊がいつ島嶼の奪還にかかるのか、察してしまえるでしょう。

この点、さすがに米海兵隊は、敵に「次の一手」を読まれないようにする方法を、よく実践しています。

沖縄の米国海兵隊の駐屯地には、「軍港」は付属していないでしょう？

それで何の不都合もありません。というか、敵のスパイの目が鬱陶《うっとう》しいので、軍港や桟《さん》橋《ばし》などは近くにないほうが、むしろ望ましいのです。

海兵隊が上陸作戦を遂行するときには、「強襲揚陸艦」などの特殊な軍艦（多くはヘリ空母のようなもの。上陸用船艇や水陸両用車を艦尾から発進させられる「ドック型」もある）に乗り込んで遠い敵地まで向かうことが多いのですけれども、それら揚陸艦には、平時には定員の半数以下の兵隊しか乗せられてはいません。

ほとんどの海兵隊の将兵は、ふだんから陸上の兵舎に起居しています。出動命令が下ると、彼らはその兵舎の近傍の小規模飛行場から、オスプレイ、もしくは、重輸送ヘリである「CH53」スーパー・スタリオンに乗って離陸し、途中で「KC130」から空中給油を受けつつ、スパイの目をのがれて遥か外洋を航行中であるところの強襲揚陸艦まで運ばれるのです。

このようにして、常に陸地からは見えない洋上でランデブーして乗船することにより、戦時に敵側に、こちらの作戦企図がバレることを防ぐのです。

その強襲揚陸艦も、あまり敵岸には近づきません。今日では、敵の対艦ミサイルを警戒して、オスプレイの戦闘行動半径ギリギリの海面から、第一波の上陸部隊を発進させねばならないのです。

彼らが空から守備隊の裏をかいて橋頭堡を確保したところで、揚陸艦はおもむろに陸地に接近し、今度はスーパー・スタリオンが、重い兵器や弾薬や補給資材を陸揚げします。最初から最後まで、ヘリコプターが頼りなのです。

輸送ヘリコプターは、水平線のかなたから島嶼の中心点まで一挙に躍進して敵守備隊の裏をかける奇襲性や、海岸地形や波浪の制約を受けないといった重大な利便性を有します。水陸両用車両の類いよりも作戦自由度が高く、それだけ敵軍司令官は対策に悩まされる。平時の訓練も大掛かりなものは必要としないので、トータルでも安上がりです。

米海兵隊ですら、いまどき「ＡＡＶ７」の出番などないことは理解していると考えられるでしょう。

中共軍の対艦弾道弾の本当の実力

米国防総省は毎年、議会に対して中共軍の脅威のほどにつき報告書を提出するのがならわしです。その最新の二〇一六年五月の報告書では、中共軍の「対艦弾道弾」については、とうとう一言も触れなくなりました。

私が前著『こんなに弱い中国人民解放軍』（二〇一五年刊）でも主張しましたように、洋上を三〇ノットで疾走している米原子力空母の全長三三〇メートル（×幅四〇メートル）の船体に、シナ大陸から発射した射程二〇〇〇キロ以上もの弾道ミサイル（「東風21」の派生型だという）を見事命中させるなどという芸当は、米国にだってできない話なのです。

米国は、中距離弾道弾の大気圏再突入体を、内蔵レーダーによって終末誘導させ、一八〇〇キロ先にある敵軍の司令所を誤差三〇メートルで直撃するという「パーシングⅡ」ミサイルを完成させ、レーガン政権時代に西欧に配備していたことがあります。この核兵器は、一九八七年の米ソ間の「中距離核戦力全廃条約」の取り決めによって現在ではすべて解体され、一基もありません。そして、この「パーシングⅡ」以上の命中精度を有する準

ホワイト・サンズ・ミサイル・レンジ博物館の「パーシングⅡ」

中距離～中距離弾道ミサイルは、今日まで、どこの国でも製造することはできていないのです。当然ながら、米軍とロシア軍は、当該条約の縛りがあるため、作りたくともも う作れません。

この、動かない標的を狙う弾道弾として命中精度の技術的な頂点を極めた「パーシングⅡ」でも、平均誤差が三〇メートルありました。

中共のミサイル技師が「パーシングⅡ」を凌ぐ二〇〇〇キロ以上もの射程（それは落下速度が大きくなって空力コントロールとセンサーの耐熱措置がすこぶる難しくなることを意味します）で、高速で自在に機動中の軍艦に対し直撃弾を送り込めるシステムを完成できるはずはない――すなわち「対艦弾道弾」など実在しない――と考えるのが、理工系の思考訓練を受けた者にとっての健全な推定でした。技術の「相場値」から、かけ離れすぎているわけです。

中共軍はただ、自国民に対して見栄《みえ》を張りたかったのと、米空母がシナ大陸沿岸から遠ざかってほしいという期待を込めて、少将クラスの潰しが利《き》く部内者に公的な嘘をつかせているだけでしょう。

諜報網の充実している米軍は、もちろんそんな真相はとうに把握しています。しかしこれまでは、そうした敵の宣伝に敢えて相乗りをしてやったほうが、対議会の予算獲得運動上、有利になるという打算をしてきたのです。

それがここへ来て、米議会の風向きが、「そんなにすごいミサイルが敵にあるのなら、新型の原子力空母などは金ばかり喰って無駄である。建造をやめろ」という方向へ行きそうになっているので、慌てて今度は噂《うわさ》を否定する方向に軌道修正をしている、という次第です。

宇宙観測ロケットを対艦弾道弾に

実は日本こそ、いつでも正真正銘《しょうしんしょうめい》の「対艦弾道弾」を開発することができます。

ただし、陸上から発射するのではない。駆逐艦から垂直に発射する、射程一八〇〇キロの戦術ミサイルです。おそらく最初の予算がついてから三年くらいで完成できるでしょう。

もちろん、動いている空母を狙うというSF武器ではありません。渤海湾《ぼっかいわん》の奥深くに逃げ込んで碇泊《ていはく》している空母や、大連港などのドックに入っているミサイル原潜等を破壊してやるのが目的です。それらは、いずれも、偵察衛星等によって「座標」が判明している動かない目標ですから、「パーシングII」と同じ精度があれば、当たります。

一九八八年に南シナ海のスプラトリー諸島の一角「ジョンソン南礁」で、中共海軍は、駆けつけてきたベトナム兵七二名を殺戮《さつりく》したことがあります。このとき中共海軍には、まだ空母はありませんでした。そのため、ベトナム本土から「スホイ22」攻撃機が飛来して対艦ミサイルを発射してくることを恐れ、中共軍は島の占領はあきらめて立ち去ったのです。このときに中共海軍は、島嶼《とうしょ》を狙う侵略政策の遂行のためには空母が絶対不可欠だと思い知りました。

しかし、もし「パーシングII」に匹敵する「準中距離」の対艦ミサイルを日本が持てば、中共軍の空母はすぐに無用の長物となり、ASEAN諸国が南シナ海の島嶼領土主権を防衛することは容易となるでしょう。

今日では、大気圏内をゆっくり飛翔する巡航ミサイルにも、一八〇〇キロ以上の射程を与えることは可能です。中共軍もそのくらいの巡航ミサイルを持っています。

けれども渤海湾は、横須賀や呉《くれ》軍港から見て、日本列島と朝鮮半島の蔭に隠れていますので、我が戦術ミサイルを大気圏内の低空を飛翔させては、別な問題を引き起こす怖れがあります。これが、戦術級の弾道ミサイルであったならば、その飛翔コース下の民間の活動には、目立った迷惑を何もかけないで済みます。

我が「対艦弾道弾」に搭載する弾頭は「ソリッド」、すなわち数十キロの合金の塊《かたまり》です。飛翔体の着弾速度が音速の何倍にもなる場合、もう「炸薬」を充塡《じゅうてん》する必要などありません。金属塊が隕石《いんせき》のように真上から激突して艦底まで突き抜ける、その衝突のエネルギーだけで、大型軍艦も中破してしまいます。

艦内の配線は衝撃波で隈《くま》なく損傷するでしょう。可燃物には一斉に火が付くでしょう。沈没を免れたとしても、そのフネは戦争が終わるまで、もう日本やＡＳＥＡＮ諸国を攻撃する役には立たなくなります。

弾頭が「非爆発性」で、しかも重さわずかに数十キロであるということは、これは都市などを狙った大量破壊兵器ではないという、分かりやすい説明にもなります。目標の軍艦を外して海に落下したソリッド弾頭は、住民には何の被害も与えません。ただし目標の軍艦を外して乾船渠《かんせんきょ》（ドライドック）などの軍港施設に当たった場合には、クレーターによりその施設を破壊するでしょう。

この「対艦弾道弾」の母体にできるのは、日本のＩＨＩエアロスペース社が量産している、宇宙科学研究所の観測用固体燃料ロケット「Ｓ５２０」シリーズです。

海自の護衛艦に格納できるサイズ

日本は一九六〇年代から営々と、各種の宇宙観測用の固体燃料ロケットを製造してきました。液体燃料の大型ロケットと違い、ＴＶでもあまり報道されてはいないようですけれども、毎年、複数発がコンスタントに発射され続けています。改良型や発展型も、さまざまに実験されています。

かつて固体燃料の宇宙ロケットとして、小惑星探査機「はやぶさ」の打ち上げなどを幾度も成功させ、「もしＩＣＢＭに転用すれば『ミニットマン』を凌ぐ高威力ミサイルになってしまう」と中共を懸念させ、二〇〇六年に「高額」を理由に廃止が強いられた「Ｍ《ミュー》―Ｖ《ファイブ》」ロケットと同じ燃料を、この「Ｓ５２０」ロケットでも使っています。

ただしロケットの胴径は五二センチ、全長は八メートルしかありません。これは、イージス艦から宇宙に向けて発射するＢＭＤ用の「ＳＭ３」ミサイルの寸法「胴径五三センチ

×全長六・五八メートル」に近似しています。ここは大事なところです。

戦術ミサイルといえども「準中距離」の大射程を持つ兵器は、平時の警備を厳重にしなければならず、また固体燃料ロケットは、路上を高速で運搬して振動を与えたりすると固体の燃料に「ヒビ」が入り、正確に飛んではくれなくなってしまうのです。だから現実論として、その発射プラットフォームは、海上自衛隊の護衛艦（駆逐艦）にするしかありません。

内之浦宇宙空間観測所から打ち上げられた、小型観測ロケット「S520」の24号機

近年の護衛艦は「VLS」という、上甲板の床下から対空ミサイルや対艦ミサイルを垂直にそのまま発射する方式を採用しています。VLSの「セル」は四角い筒状で、それがタイル細工のように多数集合して「マガジン」（弾倉）となっています。

このVLSの床下マガジンからはみ出すような新型ミサイルでは、敵の偵察衛星の目から秘匿《ひとく》することができません。それでは敵国は対策を立てやすくなり、侵略欲望を捨てないでしょう。どの自衛艦がどこから対艦弾道弾を発射できるかを、敵に予見させてはならないのです。

ＶＬＳの縦方向の長さは、将来は拡大されるでしょう。が、いまのところは七メートル未満のミサイルまでしか収められませんので、「Ｓ５２０」そのままのサイズでは使えません。また、精密な飛翔のためにはどうしても二段式にする必要もあります。「パーシングⅡ」も二段式でした。

二段式としたうえで、全長は六・八メートル以下でなくてはならない。

一方、胴径は「ＳＭ３」の二倍である一〇六センチまでは太くできます。従来のＶＬＳセル四個分のマガジン空間を使えばいいからです。

上甲板の「蓋」だけは、偽装のため、他のセルと同じ小さなものが四個あるかのような外見に成形します。これも偵察衛星対策で、どの艦が対艦弾道弾を装填しているのか、外見からは区別されぬようにする配意です。

「Ｓ５２０」は、高度約三〇〇キロまで重さ九五キロの「荷物」を打ち上げ、それをまた回収できる機能を持っています。その全長を短くしても、胴径を二倍にすれば、一八〇〇キロ先の動かない軍艦の上に、重さ数十キロのソリッド弾頭を精密に落下させることができるでしょう。

「当たる可能性がある」というだけでも、中共の大型軍艦はどこにも帰る場所がなくなり、洋上をさまよい続けるしかありません。中共海軍の従来の戦争計画は、すべて破綻《はたん》します。もちろん空母「遼寧《りょうねい》」も無力化され、渤海《ぼっかい》湾内を転々とし続けるだけの存在となるでしょう。

迎撃ミサイル「SM3」をVLSから発射したイージス艦

米国は、一九八七年の対ソ条約に縛られているため、いまさらこうしたミサイルを製造したり展開したりすることは、極東であってもできません。だから中共軍は、自分たちだけが一方的に中距離弾道ミサイルを量産して、近隣国を脅し放題なのです。また「対艦弾道弾」のような法螺《ほら》も吹き放題です。

この構図を放置しておくことは賢明

射出機がないためスキーのジャンプ台のような形状の甲板を持つ「遼寧」。速力は「おおすみ」より遅いといわれる

ではありません。

歴史的に儒教圏人は、「上下関係」についての一面的イリュージョンから戦争を始めてきました。自家宣伝に中毒しがちな彼らの嘘宣伝を放置しておけば、やがて彼らは「われわれは米国より上だ」と信じ込み、間違いなく地域を危険におとしいれるでしょう。

シナ人を増長させないためには、日本が米国の代わりに「本当に使える対艦弾道弾」を作ってみせ、配備してみせ、演習してみせる必要があります。

「事実」によって儒教圏人の「面子」を潰し続けることは、世界の平和と安全に裨益《ひえき》するのです。

あとがきにかえて――核武装は無意味である

西太平洋での自由主義陣営海軍の大戦略は、敵国および敵軍に対する「機雷戦」を中心に組み立てることで最も安全・安価・有利に勝利をもたらしてくれるだろう――という説は、別に私が発見した新理論ではなく、一九七〇年代から米海軍の海軍大学校が「奥の院」で到達している総括の、現代的な応用にすぎません。

米海軍は第二次世界大戦後に、一九一四年から一九四五年までの列強の潜水艦作戦について精力的に統計を調べ直し、既成概念にとらわれない視点からそれを分析して、とうとう一九七〇年代のある時点で、一つの重大な結論を得ました。

潜水艦に「雷撃」などさせていたのは大間違いであった――というものです。驚くべき結論でしたが、統計学は、国家総力戦時代の、よく見えなかった真理を浮かび上がらせてくれたのです。

およそ魚雷攻撃のできる多用途任務潜水艦（戦術潜水艦）であるならば、魚雷の代わりにできるだけたくさんの機雷を携行させ、緒戦から終始一貫、敵拠点港の近傍や、敵艦船の航路への機雷敷設《ふせつ》ミッションだけを反復させるのが、敵にとっては最も苦痛となり、味方は犠牲と浪費が少なくなって、戦争も早く終わる……と、統計は教示してくれていました。

しかし一九七〇年代の中共は、毛沢東の「大躍進」政策がもたらした一〇〇〇万人ともいわれる餓死（人口減）と経済停滞のおかげで、国家のアウタルキー（域内自給自足）が、石油に関しても食料に関しても、皮肉な実現を見ていました。また、中共海軍というのも西側にとって未だ取るに足りない脅威でしたから、せっかくの新理論は、注目されませんでした。

ところが一九九〇年代から中共海軍が強化され、中共経済も拡大し、エネルギーと食料のアウタルキー不安を解消するための侵略的政策が打ち出されるようになりますと、米海軍内部では、この機雷戦リポートの真価が再浮上したわけです。

問題は、米海軍トップが「機雷戦主義」を前面に打ち出してしまえば、「だったら、空母も海兵隊も不要だ」ということになり、米議会からは予算枠の大削減を迫られて、部内で「組織の裏切り者」とされかねないことでした。

のみならず、「中共をへこませるのに米空軍も米陸軍も必要はない。米海軍の戦術潜水艦隊だけで十分だ」という主張のようにも受け取られ（実際その通りなのですが……）、連邦議会に最強のロビーを持っている航空宇宙利権集団を敵に回してしまいそうなことでした。

という次第で、米国では「機雷戦主義」は政治的に封印されています。むしろ、わが日本国やASEAN諸国が、対支防衛策としてこれを採用できる自由を有しているのです。

米国の民主党オバマ政権のアジア観は、最後まで身勝手なものでした。要約すれば、こうでしょう。

——「これからの米国経済の成長のカギは、欧州でも中東でもなく、これから人口爆発が起きる東南アジアにある。同地域と米国にとっての中期的な経済成長の邪魔は、誰にもしてもらいたくない。中共と、西太平洋諸国のあいだの領土紛争が激甚化《げきじんか》することは、米国政府としてはこの見地からまったく歓迎をしない。米国と中共との直接戦争なども、もってのほかである」

このような米国筋（たとえばバラク・オバマ大統領の側近であるスーザン・ライス補佐官）からの指図があるために、日本外務省は魚釣島にトリップワイヤーを置けないのかもしれません。しかしそんな指図に唯々諾々《いいだくだく》と従うようでは、とても主権国家の政府だとはいえないでしょう。

文学者の伊藤整《いとうせい》は、一九五八年に発表した「近代日本における『愛』の虚偽」という文章のなかで、西洋のキリスト教圏人には「善の強制の考え方」があるけれども、日本人にはそれはない、と観察しています。

実際、「外国人の性根《しょうね》など変えられるものではないし、無理に変えさせようとわざわざ働きかけるのは、相手に迷惑だろうからやめておく」——と、敗戦後の大概《たいがい》の日本人は思っているのではないでしょうか。

前後しますが、一九五三年に発表された「近代日本人の発想の諸形式」のなかで伊藤は、「他のエゴへの働きかけを絶ち、他物の影響を感覚的に断つことによって安定を得ようとする傾き」が、仏教において強いけれども、殊《こと》に我々日本人は「神の代りに無を考えることによって安定している」と見抜いていました。

これを現代の軍事情勢に当てはめて言い直してみましょう。

「儒教圏人がそれぞれの国内で何をどうしていようとご勝手であるが、日本の近海や日本国土にまでやってきて資源や領土を欲望するのは迷惑だからやめてもらいたい」「やめないのならば、度はずれてずうずうしい連中とはこっちからは付き合いたくないので、交流も求めないでいただきたい」と、大方の日本の有権者は心のなかで思っているでしょう。

つまり日本国民は、日本政府の政策オプションとしての中共や韓国との「断交」を支持できるのです。その志向は、自分たちの儲けのためならば、他国がいくら困っていても冷淡にそれを放置しがちな「経済帝国主義」を諦めない米国パワーエリートとは、ずいぶん違っています。日本の政府は、日本の有権者の願望にこそ耳を傾けるべきでしょう。

本書では、日本が核武装しなくても中共の水爆ミサイルを無力化して日本人を安全にできる方法があることを、ご説明しました。

かつてインドは中共に対抗して核武装しましたけれども、むしろそのあとからヒマラヤ国境では、中共軍による挑発的なインド領への越境が日常化しました。

同様、パキスタンはインドに対抗して核武装したのですが、カシミール高地や海上を経由してインド領内へテログループを送り込む作戦は、印パ両国が核武装する前も後も一貫して続いているようです。

要するに「核武装」だけでは、害意ある隣国からの攻撃をなくすることはできない。それは証明済みだと申せましょう。

それに対して「体制変換誘導工作」は、隣の大国にその保有する核兵器を使わせずに隣の大国を無害化してしまう早道です。余計な恨《うら》みも買いません。

毛沢東は「革命には罪はない」「造反には理が有る」といいました。抑圧されているシナ人民が専制体制をくつがえして民主化したいと願うのは、近代精神の前進に他ならず、歴史の必然です。

本書の刊行にあたっては、講談社第一事業局企画部の間渕隆氏にひとかたならずお世話になりました。特記して御礼申し上げます。

平成二八年一二月

兵頭《ひょうどう》二十八《にそはち》

兵頭二十八

1960年、長野県に生まれる。軍学者、著述家。1982年、陸上自衛隊東部方面隊に任期制・2等陸士で入隊。北部方面隊第2師団第2戦車連隊本部管理中隊に配属。1984年、1任期満了除隊。除隊時の階級は陸士長。同年、神奈川大学外国語学部英語英文科に入学。在学中に江藤淳(当時、東京工業大学教授)の知遇を得る。1988年、同大学卒業後、江藤の勧めで東京工業大学大学院理工学研究科社会工学専攻博士前期課程に入学。1990年、同大学院修了、修士(工学)。社会と軍事の関わりを深く探求し、旧日本軍兵器の性能の再検討など、独自の切り口からの軍事評論に定評がある。

著書には、ベストセラーになった『こんなに弱い中国人民解放軍』(講談社+α新書)、『軍学考』(中公叢書)、『日本人が知らない軍事学の常識』(草思社文庫)など。

講談社+α《プラスアルファ》新書 686-2 C

日本《にほん》の武器《ぶき》で滅《ほろ》びる中華人民共和国《ちゅうかじんみんきょうわこく》

兵頭《ひょうどう》二《に》十《そ》八《はち》

2017年1月19日第1刷発行
2017年2月 2 日第2刷発行

発行者―――――鈴木 哲
発行所―――――株式会社 講談社
東京都文京区音羽2-12-21 〒112-8001
電話 編集(03)5395-3522
販売(03)5395-4415
業務(03)5395-3615

カバー写真―――――共同通信イメージズ
デザイン―――――鈴木成一デザイン室
カバー印刷―――――共同印刷株式会社
印刷―――――慶昌堂印刷株式会社
製本―――――牧製本印刷株式会社

ISBN978-4-06-272975-8

講談社+α新書

書名	著者	内容	価格	番号
こんなに弱い中国人民解放軍	兵頭二十八	核攻撃は探知不能、ゆえに使用できず、最新鋭の戦闘機200機は「F-22」4機で全て撃墜さる!!	840円	686-1 C
日本の武器で滅びる中華人民共和国	兵頭二十八	毛沢東・ニクソン密約で核の傘は消滅した…が、日本製武器群が核武装を無力化する!!	840円	686-2 C
巡航ミサイル1000億円で中国も北朝鮮も怖くない	北村　淳	世界最強の巡航ミサイルでアジアの最強国に!! 中国と北朝鮮の核を無力化し「永久平和」を!	920円	687-1 C
私は15キロ痩せるのも太るのも簡単だ！ クワバラ式体重管理メソッド	桑原弘樹	ミスワールドやトップアスリート100人も実践!! 体重を半年間で30キロ自在に変動させる方法！	840円	688-1 B
「カロリーゼロ」はかえって太る！	大西睦子	ハーバード最新研究でわかった「肥満・糖質・酒」の新常識！ 低炭水化物ビールに要注意!!	800円	689-1 B
銀座・資本論 21世紀の幸福な「商売《あきない》」とはなにか？	渡辺　新	マルクスもピケティもていねいでこまめな銀座の商いの流儀を知ればビックリするハズ!?	840円	690-1 C
「持たない」で儲ける会社 現場に転がっていたゼロベースの成功戦略	西村克己	ビジネス戦略をわかりやすい解説で実践まで導く著者が、39の実例からビジネス脳を刺激する	840円	692-1 C
LGBT初級講座 まずは、ゲイの友だちをつくりなさい	松中　権	バレないチカラ、盛るチカラ、二股力、座持ち力…ゲイ能力を身につければあなたも超ハッピーに	840円	693-1 A
医者任せが命を縮める ムダながん治療を受けない64の知恵	小野寺時夫	「先生にお任せします」は禁句！ 無謀な手術、抗がん剤の乱用で苦しむ患者を救う福音書！	840円	694-1 B
「悪い脂が消える体」のつくり方 肉をどんどん食べて100歳まで元気に生きる	吉川敏一	脂っこい肉などを食べることが悪いのではない、それを体内で酸化させなければ、元気で長生き	840円	695-1 B
2枚目の名刺 未来を変える働き方	米倉誠一郎	イノベーション研究の第一人者が贈る新機軸!! 名刺からはじめる〝寄り道的働き方〟のススメ	840円	696-1 C

表示価格はすべて本体価格（税別）です。本体価格は変更することがあります